CREATIVE NUDGE

头脑的博弈

走出思维的囚徒困境

〔英〕米克·马奥尼
〔英〕凯文·切斯特斯 著

萧绰 译

苏州新闻出版集团
古吴轩出版社

图书在版编目（ＣＩＰ）数据

头脑的博弈：走出思维的囚徒困境 / （英）米克·马奥尼，（英）凯文·切斯特斯著；萧绰译. -- 苏州：古吴轩出版社，2023.10

书名原文：Creative Nudge

ISBN 978-7-5546-2191-2

Ⅰ. ①头… Ⅱ. ①米… ②凯… ③萧… Ⅲ. ①思维方法 Ⅳ. ①B804

中国国家版本馆CIP数据核字(2023)第167873号

责任编辑：顾　熙
见习编辑：张　君
策　　划：柳文鹤
装帧设计：仙　境

书　　名：头脑的博弈：走出思维的囚徒困境
著　　者：[英] 米克·马奥尼
　　　　　[英] 凯文·切斯特斯
译　　者：萧绰
出版发行：苏州新闻出版集团
　　　　　古吴轩出版社
　　　　　地址：苏州市八达街118号苏州新闻大厦30F
　　　　　电话：0512-65233679　　邮编：215123
印　　刷：天津旭非印刷有限公司
开　　本：880mm×1230mm　1/32
印　　张：6
字　　数：96千字
版　　次：2023 年 10 月第 1 版
印　　次：2023 年 10 月第 1 次印刷
书　　号：ISBN 978-7-5546-2191-2
著作权合同登记号：图字10-2023-304号
定　　价：49.80元

如有印装质量问题，请与印刷厂联系。022-69485800

引 言

　　我们每个人其实都拥有创造力和横向思考的能力，也可以在日常生活中用创造性思维去解决问题。也许你已经很久没有感受过自己的创造力，但并不意味着它已经消失，你只不过需要一个时机，然后重新发现它的存在。

　　创造力并不仅限于艺术领域，也无关一个人是否可以成为艺术家。以绘画来说，一位优秀的画师却未必拥有真正的创造力。创造力实际上是一种在你所处领域中寻找新事物的方式，它在各个领域都有所体现，即便是在农业方面。

　　科技的突破并不来自人们已经知道的事情，而是掌握在拥有创造力的人手中。创造力需要人摆脱惯性思维，更好地接受新事物，有勇气采用新的方式去做事，并且对自己面临的挑战和恐惧感到兴奋。这是冒险的体现，也是产生新想法的过程。

走出自己的舒适区可以算是一种非凡的表现，而创造力则会帮你打开一扇大门，门后是一个丰富多彩并充满活力的世界。你将开始全新的尝试，虽然冒险，但也会充满挑战的乐趣。想象一下可以挣脱束缚并卸下所有压力的自己，你是否会对这样的改变感到惊讶？而这样的改变，其实只需要一次简单的推动。请你相信自己的创造力，现在缺少的只是一个方法。

　　创造力是我们与生俱来的能力，却在工作和生活中逐渐被

图1

限制，它是一点一点被"偷"走的。人类作为一种生物，迫切地希望融入群体之中，希望得到别人的认同，也很容易模仿别人的行为。这是我们学会的生存方式，但在这个过程中，创造力也随之消失。为了扭转这个趋势，我们将帮你克服生物学和社会学上的双重困难，让你重新找回自己的创造力，而你需要做的就是先忘记一切。不用担心，这做起来比听起来要容易得多。

我们的大脑很像由不同道路组成的交通网，知道的东西就像是高速公路，不知道的东西则像是曲折小径。你越是熟悉一个想法，关于这个想法的"高速公路"就会越宽，你们之间的联系也越紧密。我们的大脑默认使用自己所知道的东西，除非你有着超乎寻常的激情和好奇心去挑战它，否则大脑的GPS（全球定位系统）总是会把你带回高速公路，而不是让你去走那些曲折小径。这本书旨在提供方法来让你反其道而行之，重新找回自己的创造力。

图2

图3

什么是"助推"

在开始探索如何释放创造力之前，我们需要先简要介绍一下"助推"的概念。你可能没有听说过这个词，不过不用担心，当你读完本书时，不仅会充满创意，还会成为一个谦虚、强大的"助推"专家。那么，到底什么是"助推"呢？

助推就是对我们的行为或思维模式进行微小的改变，从而对结果产生巨大的影响。它可以让人更有活力，也可以让事情变得更加简单。可以举两个简单的例子来说明一下，比如：你把健身用品放在床边，这样就更有可能在早上去健身房锻炼；超市里过道的间隔距离比较近，这会让人不自觉地放慢脚步，从而促进商品的销售。这些都是助推的体现，而这些简单的方式往往可以产生很好的效果。

助推通常都是一些显而易见的方式或方法，但人类是一种拥有惯性思维的生物，经常需要受到刺激才能意识到周围世界的可能性。它也可以像重新命名或重构事物一样简单，让人以不同的、更积极的方式进行思考。就像 2012 年伦敦奥运会的组委会一样，巧妙地将志愿者称为"奥运会创客"。就是这样简单的一种方式，完全改变了人们对志愿者这一身份的看法。毕竟，谁会不想成为"奥运会创客"呢？

助推可以是选择、行动、语言或事物中的任何一种，但相同的是，它会将我们推到特定的方向，影响我们看待世界的方式以及决定我们是否采取行动。助推不需要改变生活方式，你不必像个苦行僧一样，也不必在一天内多花三个小时去制定一套困难的规则，没有人会这样做。助推可以产生令人惊讶的影响，但实际上都是一些微小而简单的变化。这也是它被称为"助推"，而不是"强推"的原因。

助推理论已经出现了很长时间，可是还没有被真正认可，作为行为经济学研究领域的一部分，诺贝尔奖获得者丹尼尔·卡尼曼让它走进了大家的视野。2010 年，英国政府成立了世界上第一个助推小组。事实证明，这是成功的，以至于类似的组织现在遍及全世界，比如美国极具影响力的社会和行为科学团队和澳大利亚新南威尔士州的行为洞察小组。这些不显眼的干预措施让我们做了很多本来没打算做的事情，当然，实际上也是为了我们自身的利益。比如按时纳税、以安全的速度驾驶，甚至是减少糖分的摄入。

随着助推理论的传播，我们在日常生活中可以感受到越来越多的推动，尽管有时候并没有朝着正确的方向前进。在很多事情上，居心叵测的人容易借此做坏事。助推理论不是政府和学术界的专利，很多企业正在投资中运用助推理论，希望作为消费者的我们可以选择他们的商品，同时希望给你一种感觉——这是你一直以来的想法。

我们希望使用助推理论取得积极的结果，借助这些助推的方式让你成为一个更有创造力的人。现在，助推理论开始在商业领域里得到讨论和实施，而我们想把它带到更多的家庭中，帮助更多的人实现自己的梦想。

助推理论非常重要，并且非常有趣。我们希望它可以应用在更多地方，也想把助推的力量传递给你，帮助你发现自己身上的创造力。

如何阅读这本书

本书中的每章标题都是你将接受的一种行为，以重新发现自己的创造力。每一章都解释了这些行为目前被抑制的社会学和生物学原因。然后，我们将会讲述如何克服这些障碍并为你提供成功的推动力。每一章都提供了一些方法，你只需要在自己的一天之中尝试其中一个，事情就会开始改变，重要的是选择力所能及的助推行为。随着时间的推移，你感受的推动来源越多越好。

请允许我们先介绍一下远程协同测验（Remote Associates

Test，简称 RAT），它由备受赞誉的美国精神科医生萨尔诺夫·梅德尼克和他的妻子玛莎·梅德尼克在 1959 年首次提出，并在接下来的十年里不断被完善。这种简单的方法可以科学地探究释放个人创造力的过程，至今仍然是有效且简单的测试方法之一。

首先，你会得到一组三个明显不相关的词语，挑战在于找出第四个把它们联系起来的词语。听起来很简单，实际上却并不容易。

示例 1

摇摆

车轮

高度

答案：椅子

这是一个简单的例子，以防止你沾沾自喜。

示例 2

运气

肚皮

金钱

答案：罐子

事实上，这仍然很容易。在之后每一章的结尾，我们都会给出难度不同的两组词语。当你读完本书，开始理解助推的时候，得出答案应该很简单。

目 录 CONTENTS

第一章

1

如果你知道

自己在做什么，

那就停止吧

在熟悉的环境中思考和做事会让人感到舒适，你应该经常能听到"我知道自己喜欢什么，我也喜欢自己知道的东西"这样的话。在当今这个充满变化的时代里，这种感觉是可以理解的，毕竟不断面对变化带来的威胁会让人感觉无所适从。

这是一本关于如何让人拥有创造力的图书，讲述的内容是帮助你走出自己熟悉的舒适区。这个舒适区会逐渐影响你的创造力，让你抗拒自己的新想法，阻碍你的发展，永远把你困在熟悉的小世界里。

创造力的本质是以开放的态度去拥抱新想法和新鲜事物，并且找到处理问题的新方法。坚持自己原有的想法很难带来新的成就，也无法给自己或是其他人一个惊喜。你需要做的是睁开自己的眼睛，寻找新的可能性，也为自己找到新的价值。这个过程当然不容易，但它是一次值得尝试的挑战。

科学圈

当我们在自己熟悉的领域做事时，可能表现得很高效，实际上，我们却因此变得懒惰，这是一个危险的信号。事实上，有三分之一的车祸发生在离家三公里之内的地方——我们非常熟悉的地区。当我们处在舒适的状态里，很容易懈怠并放松警惕。对我们来说，熟悉的领域同时也是危险的领域。

请尝试数出下面英文句子中有多少个字母 **F**：

Finished files are the result of years of scientific study combined with the experience of years.

你数出了三个还是四个？答案其实是六个。如果你数对了，当然非常好，但也有很大的概率数错，因为"of"这样的单词很容易被人忽略。这种情况在科学上被称为"非注意盲视"或"感知盲"，与眼睛无关，而是与大脑有关。我们的注意力只集中在少数事情上，容易忽略其他的事情。注意力不集中的"失明"可以被认为是心理上的缺乏，简单来说就是，我们看不到不想看到的东西。那么，我们为什么要坚持自己所知道的呢？

这当然是可以解释的，因为我们的大脑喜欢节约能源，它的运行需要大量的能量（事实上，足以点亮一个灯泡），而我们已经进化到尽可能将其默认为低功耗模式，这种效应被称为"习惯化"。大脑用它来淹没普通的信息，以便优先考虑新的刺激物进入，基本上已经进化到关闭不必要通知的程度。如果我们以前听过、看过、闻过或是感觉过，它就会被删掉。想想你第一次坐在咖啡店的椅子上，椅垫很软，起身时可以恢复原状。你的大脑在一开始会意识到这一点，但很快就会置之不理，因为这一点不需要再更新。然后，大脑就会专注于其他事情。许多药物的有效性也是如此，反复使用之后，效果就会渐渐减弱。

我们不会有意识地处理重复发生和可预测的事情，因为没有这个必要。我们已经发展出一种自动模式，可以从我们预期发生的事情中获得提示，而无须对每件事情进行全新的处理。在很大程度上，我们可以根据预期而非实际情形来处理事情。如果一直有意识地处理所有事情，将会让我们筋疲力尽。当我们考虑发挥创造力的时候，这种自动模式并没有帮助。

我们不想从原有的认知中回收旧思想，而是希望可以形成新的想法。人们现在会自然而然地被熟悉的东西吸引，如果我们过去接触过它并且没有产生负面影响，那这就是一件好事，在任何地方都是如此。随着时间的推移，我们浴室的颜色可能越来越深，可能也会开始喜欢原来觉得丑陋的椅子。越熟悉所处的环境，我们会觉得大脑切换到自动模式后越舒服。我们的大脑运行会节省能耗，但创造性思维不是一项低功耗任务。

社会和环境也会影响我们的创造力，这个世界的设计都是基于上述的自动模式。现代技术延续了熟悉的事物，比如 GPS系统和公共交通应用程序会帮助我们设定相同的回家路线。在我们对世界的体验进行标准化和微观管理的过程中，我们也冒着创造一个不太具有挑战性的环境的风险。可是创造力往往来自摩擦，我们如何打破舒适和熟悉的枷锁，并从更多的摩擦中获益呢？

解决之道：用不熟悉的方式做熟悉的事情

不知道你是否已经意识到熟悉感对创造力的破坏，当然，请不要误会我们的意思，我们喜欢一点熟悉感，比如一杯茶、一双好看的靴子或是在每个周六和朋友一起烤肉，但一切都要适度。你可以想一下，自己的周围全部是感到舒适、惬意和熟悉的东西，还是非同寻常的新事物呢？你是否准备好释放内心的创意野兽呢？不用怀疑，其实你是拥有它的。

我们创建了一系列的"助推因素"，专门用于阻止你的大脑把很多东西默认成已知状态，以不同的方式完成简单、熟悉的动作，将你的大脑从柏油路面转移到越野赛道上。这些助推会让你渴望新的东西，敞开心扉去面对新的刺激和挑战，随着时间的推移，你就可以从原始的地方开始奔跑。你只需要将其中一个融入你的一天，事情就会发生变化。你可以从最容易的开始，当你准备好之后再添加第二个。

助推

1.

苹果和梨

你可以去超市买个苹果或是买个梨，这是为了摆脱"坚持自己所知道的是多么容易"的想法，让自己立即更具创造力。现在，你用非惯用手拿起苹果，然后咬上一口。

图4

与刚才相比，你现在就变得更有创造力，也有了更开放的思维方式。这是真实的，也是令人惊叹的。仅仅通过在一个地方改变原来的习惯，你就会破坏熟悉的事物，挑战大脑做出的反应，保持神经通路"嗡嗡作响"。研究表明，通过故意用非惯用手开门，或者朝平时相反的方向搅拌茶叶，可以有效提高人的自控能力，从而阻止大脑习惯性地"打瞌睡"。这意味着类似的改变可以让你拥抱新事物，你可以尝试在日常用品上贴纸的方式来提醒自己。

这就是为什么助推是成功的。当你知道自己在做什么的时候，它真的可以很简单。不过，不要把它表面上的简单误认为是缺乏力量。它如此强大，也正是因为它的简单。

2.

换手玩手机

在当今这个时代，手机对每个人来说都是必不可少的物品。那么，你在使用手机的时候，可以尝试一下用自己的非惯用手或是拇指来操作，把这样的小改变融入自己的日常生活。注意，是融入，而不是沉迷于此。

3.

另辟蹊径

另一个非常简单的助推是选择不同的路线去上班或上学，你会带着新鲜感到达公司或学校。从走另一条路线开始，之后再换一条，最终选择一条和原来完全不同的路线，或是在不同的公交车站或地铁站下车，然后步行，只要不迷路就好。即便是生活中的这种简单的事，也可以让你的大脑变得兴奋起来。

4.

与陌生人交谈

"我喜欢认识一些新朋友。"住在意大利一处滑雪胜地的朋友这样说。在一年中的几个月里,成千上万的游客会来到他所在的乡村——虽然偏远,却会让人感到愉快。游客喜欢这里的风景、村民自己经营的餐馆和颇具特色的酒吧。我们的这位朋友在滑雪方面非常有天赋,聪明而自信,但他并不是我们认识的人中最外向的年轻人。不过,曾经有一段时间,他经常穿着一件印有"我喜欢认识新朋友"字样的 T 恤,这让他和很多完全陌生的人进行了交谈,有的甚至真的成了朋友。这是一次非常积极的经历,开阔了这位朋友的眼界,也拓宽了他的视野。

在一定程度上强迫自己和陌生人交谈,可以让你听到新的想法和观点。如果你做好了准备,也可以尝试一下,看看自己每天可以有多少次新对话,对象可以是同坐公交车的人或是生活中每天看到却从未接触过的人。慢慢来,做好想法受到挑战的准备，也许那件印有"我喜欢认识新朋友"的 T 恤，你也可以穿上试试，说不定会有意想不到的收获。如果你不想穿也没关系，你只要知道，陌生感和新鲜感会让大脑转得更快。

5.

自拍记录

在纸上列出十个你从未去过的地方，比如，板球比赛的现场、牛仔竞技场、韩式烧烤店、巴黎、得克萨斯州、邻居家等。这只是我们列出的几个，你可以按照自己的想法列出清单，然后开始准备。需要注意的是，列出的清单最好不要更改，这样是为了借此带你走出舒适区。你可以在每个地方都给自己拍一张照片，并且把照片设为手机的壁纸，时刻提醒自己拥有这段难忘的经历，这也可以激励你开始下一段全新的旅程。

6.

把钥匙"藏"起来

这一章最后的内容是写给冒险者的，我们称之为"我的重要物品在哪里"。我们都倾向于把重要物品放在同一个地方，也许是手提包的底部，也许是衣服右边的口袋，这样就会养成习惯。现在，你可以试着把重要的物品放在一个新地方，比如每天必须带着的钥匙，这样就可以让大脑必须记住它在哪里。无论你选择哪种方式，都是在释放自己的创造力，这是一个美妙的过程。

香肠

辣椒

高温

卷心菜

工作

眼睛

答案在本书正文之后。

第二章

2

不要相信
别人告诉你的
事情

毫无疑问，被普遍接受的智慧是最糟糕的智慧。对别人来说是正确的事情，并不意味着对你来说也同样正确，甚至是全然不正确的。你可以问无数个问题，但请只相信自己的直觉。不轻易相信其他人的经验，只相信自己，这对谁来说都很难，让人感到筋疲力尽，但你需要迈出这一步。你觉得新事物到底是被思考还是被创造出来的呢？必须有人提出各种问题，质疑现状。现在你必须成为那个人。

相信在太空中可以看到中国长城的人请举手。这种说法简直就是胡说八道。但这些年来，有足够多的人都这么说，所以它已经被广泛地当成事实接受。叫醒一个梦游的人是很危险的，事实上，不叫醒梦游的人会更危险。据统计，梦游的人在独处的时候，伤害自己的概率更大。

可以这么说，一些荒谬的观点已经深入人心，并被当成事实接受。还记得你小时候发现了一只从鸟巢里掉下来的小鸟吗？你叫它杰夫，你想把它带回家照顾它，但每个人都告诉你不要这样，因为如果你捡了它，它的父母就再也闻不出它的气味了？而事实是，鸟类几乎没有嗅觉。是的，你没有听错，这是真的。

科学圈

真相往往只是每个人都准备接受的"事实"，并不意味着这就是事实。了解真相从来都不容易。事实上，研究告诉我们，我们每天会被骗十次到两百次。当你考虑到我们已经进化到通过社会群体内的对话和协议来确定事实时，这尤其可怕——"这是真的，因为他们说这是真的"。

然而，不幸的是，我们并没有努力去证实和分享真实的事实，而是希望能够说服他人并使自己受益，这意味着我们大部分的进化智慧都没有被用于道出真相。

如果我们能让人们相信一个对我们有利的事实，如果我们能扭曲事实，使之朝着有利于我们的方向发展，那么我们就能控制局面。我们是寻求地位的人，并不总是寻求真相的人。事实上，恐怕是在你踏上道德高地之前，你也有罪。你跟其他人一样，每天都在传播着一些流言蜚语。因此，在这个诚实排在第二位的复杂世界里，我们依靠事实以外的其他因素来帮助我们决定应该相信什么，不应该相信什么。这不是对到底什么是事实的判断，而是对一个简单问题的盘算："我相信告诉我的人吗？"

研究发现，信息的来源往往比信息本身更强大，这被称为"信使效应"。如果我们看到那些和我们相似的人，那些看起来可信的或是权威的人，我们会近乎本能地选择信任和服从，但这一点很容易被滥用。斯坦利·米尔格拉姆（Stanley Milgram）在 20 世纪 60 年代进行的现已臭名昭著的服从性研究表明，一个演员只需穿上一件"可信"的白大褂扮成实验者，就可以鼓励素未谋面的陌生人给毫无戒心的参与者施加致命的电压。在另一项研究中，当被鼓励赠送一枚硬币来帮助陌生人缴纳停车费时，如果陌生人打扮成蓝领工人时遵从率为 45%，而当他穿着消防员制服时遵从率则飙升到82%。

更不易觉察的权威暗示，影响力也同样强大。一项实验发现，更多的人会跟随一个穿西装的人而不是一个穿休闲服的人，不顾交通规则过马路，跟随前者的人数是后者的三点五倍。这也是品牌方愿意付钱给品牌代言人——YouTube博主、Instagram红人、演员、体育英雄的根本原因，因为品牌方知道，大众愿意跟随或相信这些代言人。

我们需要注意的是，不要盲目相信权威，即使他们的地位很高，也不意味着他们总是对的，更不意味着他们会把你的利益放在心上。真正可以表明的是，他们会获得足够的报酬来跨越他们的诚信门槛。

除了信息来源，信息传递的方式也会对谎言的接受度产生影响。心理学研究表明，信息越偏向视觉、本能和具象，就越显得真实，我们就更有可能记住和相信它。这就是为什么当我们把一顿饭想象成等量的汉堡或甜甜圈，而不仅仅是谈论卡路里时，我们更有可能遵循饮食建议；这也难怪我们都相信从太空可以看到中国的长城。如果你能在脑海中描绘出来，你就更有可能相信它。

现代媒体已经了解到，视觉和具象化的内容可以吸引我们的注意力并影响我们。社交媒体算法推出耸人听闻的信息，因为众所周知，它们会引起反响。假新闻现在对许多人来说就是新的"现实"。分辨真假已经越来越难，所以，质疑一切从未显得如此重要。

我们被浮夸的头衔所包围，比如，主管、董事、总裁和校长等，而不管他们的能力如何。问题在于，一旦权威存在，无论是图书馆的管理员还是警察，我们都会被它蒙蔽双眼，只知道一味遵循。

我们的日常语言对我们也没有什么好处，格言渗入我们的意识，由我们身边熟悉的人重复，出现在杯子或家里的墙壁上，随时准备让人接受智慧的福音。心理学家将这种现象称为"曝光效应"，这让我们更信任自己频繁看到的事物。如果你每天看到十二次"心怀希望，一切皆有可能"这样的语句，那你很可能不会再像原来一样努力，甚至会逐渐放弃坚持已久的东西。

解决之道：质疑一切

　　在每一件事情上，拒绝其他人都接受的东西。看看下面的老式香烟广告，广告中有一位医生在宣传吸烟。现在看来，这很荒谬。但请你想一下，放到现在，与之对应的现象是什么呢？

图 5

值得注意的是，你需要质疑每一种正统观念、一切现状和每一个事实，还有每一个有害的智慧。多想一想这背后的为什么，这也许会激发出你的新想法，让你拥有一种看待事物的不同方式。

创造力是对真理的追求——对新的真理的追求。创造力不是一味接受，而是需要质疑和争论。但我们的目的不是把你变成一个凡事都要争论的人——从今往后拒绝相信任何人和事情，如果真那样，就需要治疗了。

事实上，我们希望的是让你学会思考，可以辩证地看待问题。最好选择能成为你日常生活一部分的助推，而不是沉迷几天，然后不知所措地放弃。好不容易才重新发现创造力的火花，不要轻易让它熄灭。

助 推

1.

问题时间

准备两支不同颜色的记号笔,每当你听到一些已经被大众接受的智慧或事实,就把它写在一张纸上,然后用颜色不同的另一支笔把它变成一个问题。例如,用一支笔写下"你可以在太空中看到中国的长城",然后用另一支颜色不同的笔把它变成一个问题:"你能在太空中看到中国的长城吗?"用这样的方式让自己开始思考,权衡内容的可能性,然后提出自己的观点,而不只是一味地接受。我们都会有一定程度上的盲从性,愿意服从权威,挑战一切可能很困难,这需要不断地进行自我训练,才能使其成为我们的第二天性。

2.

跳过搜索引擎的第一页

我们的大脑懂得保存能量以备不时之需，但正如前文所述，大脑默认使用简单的路径，不对熟悉的东西进行过多思考，这使得我们不会对问题的答案继续深入探究。从现在开始，当你想要找到某个问题的答案时，你应该不会再被搜索引擎的第一页迷惑。你会继续翻看下去，看看还会弹出什么，看看一些其他的解释，尤其是那些更加牵强附会的解释。你甚至可能变得非常痴迷，会去图书馆找一些旧教科书做研究。你最终会踏上什么样的旅程，谁知道呢？

3.

夏洛克风格

这个小小的推动再简单不过了。找到一些夏洛克式的东西，提醒你质疑一切，比如迷你放大镜、猎鹿帽、迷你夏洛克黑胶唱片等。把自己当成侦探，怀疑周围的事物并不断思考。需要注意的是，不要接受第一个答案，这样更像夏洛克。

视觉参照

你需要为此找到一些视觉上的参照人物——自己真正尊重和信任的人的照片，比如安吉丽娜·朱莉或谢丽尔·桑德伯格，也可以是大卫·贝克汉姆、甘地或者一名英勇的消防员。把他们的照片设为部分联系人的来电显示照片，不用很多，只需要找几个熟悉的同事、亲密的朋友或家人。当你和他们通话的时候，你就会得到一个视觉提示，想象他们的声音从你信任的人口中传出。

这会改变你对谈话内容的看法吗？是的，会的。至少这会告诉你，纯粹根据信息本身来解读信息是多么困难。给自己设定一个挑战：倾听别人在说什么，而不是怎么说或者是谁说的。

5.

学会质疑

助推需要以旺盛的精力全情投入，除此之外，还有一种更安全的轻推，你可以先尝试一下，看看事情会如何发展。接下来就是这样的轻推，无论你选择哪一个都可以。

如果每个人都狂热地相信着某件事，这不是很可怕吗？你不时会想：房间里的每个人都相信这一点吗？你环顾四周，看看是否还有持怀疑态度的面孔，结果并没有发现。

群体经常会做出一些非常奇怪的事情，比如确认偏见，即信仰相似的人会寻求并接受彼此的认可，制造出一种无懈可击的错觉。它会让人无法接受新思想，自然就会导致进步的消亡。哲学家伯特兰·罗素曾经说过："这个世界的全部问题在于，傻瓜和狂热者总是如此自信，聪明的人则充满怀疑。"

所以，你要做一个懂得质疑的人。下一次，在一个会议或晚宴上，当你发现每个人的观点都出奇一致，你可能需要做一次深呼吸，然后表达自己的想法。这样做有可能让气氛变得尴尬，所以需要一点勇气。如果他们的观点有合理之处，那会让你有所获益，如果他们对你敢于挑战他们脆弱的教条感到愤怒，那么说明你向他们发出质疑是正确的。说真的，当你挑战人们的信仰时，他们会如此愤怒，真是令人惊讶。我们将在第七章中更深入地讨论群体的行为。更多的时候，我们应该将注意力放到挑战自身而不是别人的信念上。质疑一切也意味着自己要做好被质疑的准备。

每当有新闻或社论引起你的兴趣时，你就可以从不同角度去解读，这可能只是激怒了你或巩固了你现有的观点，但它会打开你的思维，让你可以用不同的方式看待事物。你是否同意这种方式真的无关紧要，重要的是你要学会接受以不同的方式看待同一件事情。

6.

押韵时间

最后，我们将以押韵结束这一章。我们都喜欢押韵诗，尽管在居心叵测的人那里是非常危险的，因为我们会更愿意相信押韵的东西，这被称为"济慈效应"。所以，很多成功的广告都会用到押韵的方法。需要注意的是，押韵也会在很多领域产生积极的效果。这就是为什么你会记住那么多有用的提示和技巧，例如："一针及时省九针"，等等。

这里有一个技巧帮助你记住质疑一切：不要总是轻信别人告诉你的第一件事。重复使用这个技巧，直到记住为止。

插座

盖子

眉毛

水晶脚雪

答案在本书正文之后。

第三章

3

忘记恐惧

富兰克林·罗斯福曾经在他 1933 年的总统就职演说中说：

"我们唯一需要恐惧的就是恐惧本身。"如果没有恐惧，我们就可以自由地尝试新事物，看看拥抱变化之后的我们可以走得多远，取得什么样的创造性结果。创造性的意义之一就在于接受恐惧和不确定性。

我们的创意准则之一是"恨六"。解释一下：如果把创意等级用一到十分表示，一般来说，六分是"可以"的。事实上，它比"可以"好，因为它比五分好，而五分是刚刚"可以"。六分不存在失误，也不用冒更多的风险。可以这样理解，六分是安全和舒适的，它是恐惧和怯懦的产物，在我们的创造性工作中根本没有地位。真正的创造力是追求九分或十分。同时我们也必须意识到，虽然有时我们已经尽到了最大的努力，但最后还是只能得到一分或两分，我们要坦然接受。正如创造力专家肯·罗宾逊爵士（Sir Ken Robinson）说的那样，学校和商界把失败污名化，让我们变得害怕它。

不过，这一章并不是讲关于如何适应失败的，那是第九章的内容。我们首先需要的是学会不再恐惧，进而追求创造力。让恐惧和不确定性进入生活可能是最困难的事情之一，在追求创造力的过程中，你会因为失去稳定而暂时感到不适。可以回想一下父母教你骑自行车的经历：当父母松手让你自己骑的时候，你会感到害怕，你可能会摔倒，甚至是受伤，然后你会发泄似的踢踹自行车，发誓再也不骑车。可是，每当你多试一次，恐惧就会减少一点，等到恐惧完全消失，取而代之的会是一种自由感。

图6

科学圈

恐惧不是你的错，人类天生就是消极的，总是假设最坏的情况即将发生。在人类的六种核心情绪（快乐、悲伤、惊讶、恐惧、愤怒、厌恶）中，只有一种是积极的。考虑过去二十五万年来的人类旅程，这并不奇怪，而是人类作为生物谋求生存的本能。

快乐　　　　　　悲伤　　　　　　惊讶

恐惧　　　　　　愤怒　　　　　　厌恶

图7

恐惧是身体感知到威胁而准备面对的反应。当你感到恐惧时，你的交感神经系统就会接管你的大脑，这时你会心率加快、肠胃停止工作（面对老虎时，消化午餐不那么重要），你开始出汗、瞳孔扩大，这样即使在黑暗中也能获得更多的信息。这是你的"战逃反应"，是准备为自己的生命开始战斗或奔跑。但是，有时候你会僵住。游戏就此结束。

有一个令人不快的事实：一些进化论科学家认为，我们进化到在危险的情况下大汗淋漓，是为了让自己变得足够光滑，从而可以逃离捕食者。下次当你站在那里汗如雨下，想知道该为自己说些什么时，你就会知道该如何说了。

假设某些东西会杀死你，而不是让你等着瞧，这在进化上是有意义的。我们是威胁检测器，我们就是这样体验并记住这个世界的。例如，如果你在回顾一个出现过枪的犯罪现场，你会花更多的时间追踪武器，以至于你很难准确地回忆起现场的其余部分。我们变得对周围的信息视而不见，因为我们已经进化到专注于威胁。

令人难以置信的是，当一个新的创意让我们对之前确定的事情感到不确定时，也会产生这样的效果。大脑使我们具有攻击性，实际上是我们在与新想法作斗争，或是我们因胆怯而选择逃离。这种对新事物的恐惧被称为"新事物恐惧症"。

你是否有过这样的经历：在去度假的旅途中，你一路奔波，当你到达目的地时，你想要的只是你熟悉的食物——一个煎蛋、你最喜欢的奶酪、一杯茶。这可能是因为你的兴奋程度如此之高，以至于一种新的食物体验所增加的兴奋会把你推向极限。这同样也可以解释，很多人在分手之后会一遍又一遍地听同一个歌单里的歌。你已经有太多事情要处理了，新音乐的新鲜感让你难以承受。

人类在面对新事物的时候会感到恐惧，因为我们讨厌未知。还记得小时候我们怕黑或怕衣柜里的怪物吗？对我们来说，害怕未知比害怕已知的坏事更自然，因为我们天性如此。在当下的这个时代，当你面对生活或工作中的新挑战时，最坏的结果都不太可能关乎生死，整体上仍然是安全的。研究表明，当我们感到安全时，身体自然的"战斗或逃跑机制"就会被劫持，而在一个安全的环境中，害怕可以带来令人难以置信的积极影响。我们的身体在害怕时释放的天然化学物质可以被很好地利用，它甚至可以是令人愉快的。

如果自知所处环境是安全的，比如鬼屋或是放映恐怖电影的电影院，我们可以把它想象成航班被劫持，然后享受它。这类似于高兴奋状态，像我们快乐、大笑、兴奋或惊讶的时候。

——[美]玛吉·克尔，

《尖叫：恐惧带来的刺激、创伤、反思和裨益》作者

这是完全有道理的。你的大脑知道你是安全的，所以它可

以把那些可怕的化学物质转化为快乐的化学物质。你的大脑会把你带到危险的边缘，因为知道这只是在假装。所以，现在我们知道，从进化的角度来看，当你不是真的害怕时，把恐惧抛在脑后会有令人难以置信的积极好处。事实上，我们可以接受害怕是一件好事。

解决之道：感觉良好的恐惧

接下来，你要开始让恐惧在生活中发挥积极的作用，这需要找到克服恐惧这种本能的方法——将恐惧定义为兴奋。以不同的方式思考恐惧会让你采取不同的行动，并产生积极的结果。你是真的恐惧，还是只是在期待中感到兴奋？下次你在感到紧张的时候，将其视作一件好事，这是你的身体准备"火力全开"，告诉自己有多兴奋，而不是有多恐惧。你能面对的恐惧越多，就会越舒服。希望随着时间的推移，你可以开始享受它，甚至会主动寻找它。

当然，不是所有的恐惧都要这样面对。如果你因为一只老虎站在你面前而感到恐惧，那就不用试图说服自己感受到的是兴奋，那时的你正在经历的是自我保护的恐惧。你要立刻开跑。

助 推

1.

自我鼓励

像平常一样起床后，打开音乐，让自己沉浸其中，然后冲泡一杯咖啡。用一杯咖啡和一些非常响亮、快节奏的音乐开始新的一天。

研究表明，响亮、快节奏的音乐可以增加我们对风险的容忍度。这项特别的研究，是基于你在听了响亮、快节奏的音乐后，一天里改变的可能性会增加。这和前文所说的安全环境中的恐惧可以发挥积极作用的原理一样。你可以把响亮的音乐想象成进入战斗的号角，让血液沸腾。你还可以新建一个音乐播放列表，将其命名为"无事可怕"，每当感觉游移不定的时候，就去听这个播放列表里的歌。

2.

保持无聊

这里要介绍的方法非常简单，事实上最好的推动总是如此。不过需要提前说明的是，这个方法是反直觉的。具体做法就是保持二十四小时的无聊，减少乐趣和感官刺激，尽可能变得无聊。请一定要认真对待——关掉网络，坚持播放老歌，拒绝流行的新食谱，卸载手机里不必要的应用软件，花时间和家人或老朋友在一起。这样做的原因是要尽可能避免任何惊喜和刺激，不去尝试任何新鲜事物。有条件的话，可以监测你的心率，让它保持在每分钟一百次以下。

通过剥夺自己的一切乐趣，你会变得如此缺乏激情，以至于你会渴望一些危险又刺激的东西。如果你能熬过二十四小时，下次就延长到四十八小时。谁知道在那之后你会做什么？成为一个疯狂的、了不起的摇滚乐手也说不定。

3.

名字游戏

另一个简单的助推是将某些事物重新命名，使其不那么令人生畏。我们的许多工作场所，充斥着一些根本没有被注意到的威胁性的语言，这些语言融入我们的创意空间中，阻碍了我们的开放。

我们都有过头脑风暴的经历。许多人坐在"作战室"里，试图发挥创造力。毫无疑问，这种方法对军队有效，但它并不是产生真正原创作品的环境。所以下次把人们聚集在一起的时候，你需要想一下，如何让工作环境变得更加开放和舒适。你需要问自己：这是一个创意实验吗？收获怎么样？你是否创造了一个被称为"可能性区域"的安全空间，而不是感觉自己正准备投入战斗。如果你真的敢于冒险，可以试着把这个安全空间重新命名为"创意按摩浴缸"。我们都很清楚，在按摩浴缸里能有什么可怕的事情发生呢？

4.

一切向好

当你面对可怕或困难的情况时，你是否曾想过："最好的结果是什么？"你可能会说在那种情况不可能去想这个，但从现在开始你就得试着去想了。

这个伟大的小助推不顾五种负面情绪，打破了我们大脑寻求最坏结果的自动反应。这种自动反应被称为"灾难化"，它是你的本能。"灾难化"会阻止你做各种各样最终可能让你感到惊奇、改变你生活的事情。但是，有了我们的帮助，你就不会再"灾难化"了，你将做与之相反的事情。

下次你在遇到让自己恐惧的情况时，问问自己可能发生的最好的事情是什么，然后列出一张清单，在上面写下所有可能的积极结果。问自己这个简单的问题，让情绪变得更积极。

5.

笨拙助推

本章中的最后一个助推只有在你害怕蜘蛛时才真正有效。统计数据显示，75% 的人都害怕蜘蛛。我们要对剩下的 25% 的人说声"抱歉"，因为你可能要利用自己丰富的想象力，想象另一种可以让你尖叫的动物。我们将让您尝试暴露与反应阻止法，在你的生活中设计一些小风险，让你提高对恐惧的容忍度。

请你闭上眼睛，想象一只蜘蛛，然后在纸上画出它的样子，别忘了它毛茸茸的长腿和大眼睛。下次，当你在家里看到一只蜘蛛的时候，尽可能长时间地和它待在同一个房间。重复这个过程，直到你看到蜘蛛时不再想尖叫。也许之后你不只可以安静地和蜘蛛待在一起，甚至可以用手触碰它。重要的是你可以不再恐惧，你应该还记得，创造力也关乎勇敢。

复制

雄性

摆动

紧密
有效
标记

答案在本书正文之后。

第四章

制造

"混乱"

4

一个人身上必须仍有混乱，才能生出跳舞的明星。

——[德] 弗里德里希·尼采

创造力诞生于混乱之中。逻辑思维再强也不会产生神奇的东西，它只会给你一个问题的正确答案。当你需要一个正确的答案时，正确答案是伟大的。但是创造力并不是对正确答案的追求。创造力是追求那些奇怪的、不合适的，甚至是破碎的辉煌，它使我们有了一个瞬时的窗口，进入一个令人振奋的、无法定义的宇宙。它对我们的影响是其他任何东西——那首能激发我们所有情感的歌、那部我们数周无法忘却的电影、那个改变世界的想法，或是让我们质疑一切的科学进步——都无法比拟的。

量子飞跃并不是通过遵循一条关键路径来实现的，这就是为什么无法让创造力工业化。计算机不能制造混乱，而且它们永远也不会制造混乱。原创思想没有任何公式可循，这让那些只看重金钱的人感到非常沮丧。

伟大的、有创造力的大脑——那些被陋习重重的社会污名为疯子、叛逆者和局外人的人能够建立起其他人无法建立的连接，连接那些本来不可能连接的东西。他们的头脑越混乱，越有可能形成这些奇怪的联系。他们让自己的大脑里充满了神奇的想法，并耐心等待它们开花结果。

创造力需要的是无序而不是有序，是把想法混在一起而不是厘清头绪。你必须愿意让混乱进入，抵制你的大脑试图让你找到一个模式、强行建立秩序的想法。和它斗争吧，只有在创造出混沌繁杂的条件时，混沌才能进入你的生活。

真正的创造力需要混沌，你需要混沌，社会也需要混沌。

科学圈

再一次，进化的大脑在这里帮不了我们。我们的大脑更像是一个寻找模式的机器。欣赏随机性之美在进化上是没有意义的，因为它不能帮助我们作为物种生存或繁荣。正因为如此，我们一直在试图"破解密码"，寻找生命、宇宙和一切事物的永恒答案。

如果你鼓励一只老鼠按下杠杆来获得奖励，比如它有一次得到了两个球，另一次得到了一个，接下来一个都没有，然后又得到五个球，你就会看到老鼠不断地按下杠杆，试图建立模式，这就是所谓操作性条件反射，这就是我们在不知不觉中所做的事情。

挑战这种条件反射需要有意识的努力。因为我们需要理解这个世界，我们错误地看到了那些没有意义的事物中的模式和意义，因为大脑需要它。我们是有着惯性思维的生物，是需要秩序的生物，即使我们不需要秩序，我们也会把它强加给自己。如果你想给你的朋友留下深刻的印象，形容这种意识有一个专门的词语——"幻像症"（apophenia）。

我们总是通过编造故事来理解这个世界。当我们的祖先不明白为什么太阳会在早晨升起时，他们发明了太阳神来解释它，然后是月神、海神等。这是大多数宗教和邪教的起源——需要解释那些缺乏解释的事情。

这也在很大程度上解释了大多数的阴谋论。当我们看到或听到一些不太正确的事情——就像登月看起来像电影一样——由于大脑对叙事的需求，使我们很容易受到貌似合理的建议的影响。这就是我们经常被不择手段的个人或组织掠夺的方式，他们从既得利益出发，让我们相信某种观点而非另一种。

我们很容易被影响和控制，因为我们的大脑无法接受生命可能没有任何模式，只是一堆随机的碎片。即使是最随机的事物，我们也能从中看到规律。我们在奶酪三明治中看到猫王，在岩层中看到动物。（别装了，你看不见。）实际上，这种现象也有一个科学术语——就是指像奶酪三明治脸一样的现象（即在看一些抽象或者模糊的图形时，人们往往会把它们看成熟悉的形状或者物体，如在一个奶酪三明治中看到面部表情）——"空想性错视"（pareidolia）。之所以会这样，都是因为处理混乱需要消耗大量的精神能量，我们的大脑厌恶混乱，更愿意跟随他人的想法。

令人恼火的是，我们的大脑还喜欢进行一些验证性的信息处理，这意味着我们更喜欢符合我们已有想法的信息。我们当然如此，因为这更容易。大脑总是在寻找简便易行的方法。雪上加霜的是，研究证明，当我们身处整洁的环境中，这种确认偏差更有可能发生，而在混乱的环境中则较少发生。简单来说，我们的大脑在被混乱包围时更有创造力。

明尼苏达大学（University of Minnesota）的研究人员发现，人在混乱的环境中工作会变得更有创造力。在测试中，参与者分别在整洁和凌乱的环境下工作，虽然两组人员提出了同样多的新想法，但是明显在凌乱的环境中产生的新想法更有趣，也更具创意。数据还显示：办公桌凌乱的人更倾向于冒险，而那些办公桌干净的人往往会遵守严格的规则，尝试新东西的可能性更小，因为创意的本质就在于冒险尝试新的事物。

所以，请以创造力之名制造混乱并拒绝清理它，现在科学站在你这边了。告诉别人，你实际上是在让自己的头脑变得不那么顽固。你不但没有偷懒，而其实际上是在推动你的大脑更加努力地工作。他们应对你的努力感到敬佩，而不是责备你这个"创意的异教徒"。基本上可以说，你的大脑是一个懒虫，它正在剥夺你与生俱来的创造力。你不会让它得逞的，对吧？

进化也在我们的日常生活中挥舞着权杖，迫使我们对自己在社会中的行为方式施加各种规则。我们就是要有足够的秩序，就像只有两个人，我们也会选择去排队；对那些穿着有点不同的特立独行的人，我们会感到非常不舒服；我们高度怀疑住在三十四号的琼斯夫人，只因为她的前门颜色和其他人的不一样。

我们如此热爱秩序，以至于我们甚至在规则中强加规则。伦敦大学学院（University College London）的研究人员发现，人类在排队时甚至会遵循一些科学规则。这完全是因为"六的力量"。人们在排队等候六分钟后就会放弃，而且不太可能加入超过六个人的队列。即使在人与人之间的距离方面，也会遵循"六的力量"，人们之间的距离如果小于或等于六英寸（1 英寸 =2.54 厘米），就可能引发焦虑或压力。

社会厌恶混乱，学校、企业、政府都害怕混乱。因为混乱就等于失去秩序。

事实上并非如此，混乱会把你从单调乏味中解放出来。

解决之道：适应混乱

你需要学会对秩序有一种合理的漠视和不信任。你要质疑日常生活中的秩序是否有用，是否能让你有额外的心智去思考更有趣的事情；抑或它只是一种压迫性的秩序，正在削弱你的创造力。

为了适应混乱的生活，你要强迫你的大脑加速运转，比以前更加努力地工作，这将会很累。因此，要慢慢开始，不要因为不堪重负而放弃，适应混乱需要一些时间。在一个本来有序的世界中引入一点混乱，这是释放更多创造力的重要一步。

很多人都觉得混乱只会造成破坏，是种威胁。但实际上并非如此，它有时也会成为一种积极的力量。适应混乱可以开启你的心智，让你进入一个更富创造性的世界。本章的助推希望能够帮助你更好地接受这个想法——一个人身上必须仍有混乱，才能生出跳舞的明星。

助 推

1.

餐具混用

让我们从一个简单的助推开始——餐刀和餐叉助推。打开你的餐具抽屉，将一些汤匙混进餐叉中，将一些刀具混在汤匙中。感觉如何？如果你感到有些不舒服，那太好了。如果你没有感觉不舒服，那更好。我们将它称为"混沌启动效应"，就像跑步前的拉伸一样。

现在，再提高一点难度。用从混乱的餐具抽屉中拿出的任何餐具用餐。不要担心弄得一团糟。这样更好，可以先让事物变得混乱（即反向演化，Evolution 0），再通过这种混乱的环境来激发个人的创造力（Creativity 1）。但无论如何都不要舔你的餐刀，以防弄伤自己，那不是你想要的混乱。

2.

调整镜子的角度

你有没有注意到，当墙上的图片或镜子歪了，会引起你多大的困扰？现在你要给自己施加这种无序的痛苦，不过也没必要发疯。我们并不要求你把所有图片和镜子都搞歪。那也会形成一种模式，而这正是我们不想看到的。我们只希望你把每天都要照的镜子调整一下角度，这样，每天你在出门前照镜子的时候，就能体会到一点混乱的感觉。

3.

袜子混搭

打开你放袜子的抽屉，把所有袜子堆在一起，然后弄乱它们。这是一个简单的助推，在这个过程中你最好闭上眼睛，以避免寻找配对的诱惑。从现在开始，你要成为一个"袜子怪人"。这是一种非常棒的日常提醒，提醒你投入混沌，是你在寻找灵感和创

图 8

意的过程中向前迈出的一小步。

制造一个混乱的角落

　　你已经摸到了混乱的边缘，现在是时候全力以赴了。当然，

没人说你要生活在一片混乱中。首先，这是不卫生的，而且我们

也不想为你变得臭气熏天和不合群负责。但是，你如果知道自己的大脑在一个混乱的环境中更有创造力，那就创造一个合适的环境吧。

如果你足够幸运有一个空余的房间，你可以在那里创建你的混乱角；如果你有一个车库或棚屋，在那里也行。如果你只能腾出一个角落或一张桌子，那也没关系。在哪里并不重要，重要的是你已经拥有了一个专门用来创作或思考的凌乱空间——一个你能感觉到秩序和逻辑负担被解除的地方。用你感兴趣的东西填满它，越杂乱无章越好。不要想着将其分类，要的就是杂乱。

来吧，再弄乱一点，你可以做到的。

5.

创建"混乱板"

现在许多人把笔记本电脑当作创意画布，并在众创空间、咖啡馆、沙发和钟点工位流动工作。如果你是其中的一员，你可能想尝试一种便携版的混乱角助推。正如我们讨论过的那样，我们的大脑会试图把秩序强加给我们，而这往往会得到我们喜爱的网站和应用程序算法的推波助澜，不要让这些东西左右你，要降低它们的影响。

你可以根据自己的兴趣在电脑上创建"混乱板"，可以是设计、颜色、照片等任何能让你感兴趣或兴奋的东西，也可以是让你感到愤怒或悲伤的东西。没有主题，也没有顺序，只要你觉得有趣就行，将它们命名为"我的混乱板"。请将浏览器的选项卡保持开启，并尽可能频繁地添加东西到"我的混乱板"，同时请忽略 Pinterest（一个非常流行的虚拟创意社区）的所有善意建议。你的大脑、算法、宇宙秩序可能都不会喜欢这样，但你的创造性自我会喜欢。

6.

投入角色

接下来的这个助推有可能会让你感觉有些尴尬。事实上，它可能比这本书中其他的助推方式都更接近"推"，但它一定会让你更有创造力。需要记住的是，每章中的助推方式你只需要在日常生活中尝试一种，就有可能产生巨大的改变。所以，如果这个不适合你，不用担心，只要继续前进即可。

你可以每天花一个小时，以迪士尼公主的方式对待每个决定。她会唱出自己的感受吗？她会沿街跳舞吗？她会怎么接电话呢？她午餐又会吃什么？每天都做你自己会带来秩序和确定性，而在这一个小时里，成为你选择的公主这个角色，会把一切都搞得乱七八糟，但也会非常有趣（顺便说一下，混乱也可以很有趣）。最重要的是让你的大脑享受这种混沌状态——这样就会与混沌产生积极的关联，并释放隐藏在其中的奇妙创造力。

如果你不喜欢成为迪士尼公主，你也可以选择你最喜欢的书籍或电影中的角色。不管是女王还是皇后乐队的弗雷迪·墨丘利都没有问题，只要是和你完全不同的人就行。 我们希望从现在开始，混乱可以变成你能想到的最舒服的事情。

行进

蒸汽

司机

玩偶

疯狂

树木

答案在本书正文之后。

第五章

5

不要和解

有多少次，你会对某个想法兴奋过头，然后花费比想出这个想法更多的时间考虑为何这个想法如此伟大。然后你向别人展示这个想法，但对方却只轻描淡写地回答"嗯，还可以"。这时你会想："白痴，这是个多么天才的想法啊！他显然只是嫉妒罢了。"是的，我们都遇到过这种情况。别担心，这很正常。

一般来说，你最初的想法可能都不会太好。真正原创和有创意的答案并不是显而易见的，这意味着它们很少是你最先想到的。世界上最具创造力的思想家，往往是那些比其他人更能坚持寻找答案的人。

当我们寻找答案时，我们的自然倾向驱使我们选择第一个显而易见的答案，以及我们自己心中已有的答案。我们人类会因生物因素而确信这些答案的正确性。所以，这不是你的错，但你需要克服这些倾向。就像奥德修斯一样，你必须把自己绑在桅杆上，以抵制极具诱惑力的塞壬之歌。这些小恶魔会让你相信你是一个天才，一个有创造力的半神——他们会欺骗你，引诱你，奉承你，讨好你。但你必须抵制它们，看到它们的本质，它们是创造力的敌人。你必须克服相信自己很好的冲动。获得创造性思维很痛苦，需要严格要求自己。

记住，第一个想法很少是最好的，显而易见的想法从来都不会充满新意。我们的大脑天生会喜欢自己的想法。如果你试图迅速找到一个答案，就会找到一个不那么好的。当你在寻找与众不同和不熟悉的东西时，你必须能够接受其中的模糊性。但是，不用担心，这就是我们在这里的原因。通过一些精心挑选的助推，你就不会再轻易喜欢那些想法了。

科学圈

那么，为什么我们会满足于第一个想法或一个显而易见的想法呢？正如我们在前文中提到的那样，人类的心智极度厌恶不确定性和模糊性。从很小的时候开始，我们对不确定性或模糊性的反应是找到合理的解释。一旦有了这些解释，我们就不愿意放弃它们。这就是为什么我们经常难以超越第一个想法。

这里的罪魁祸首是"心理可用性"。我们倾向于受到那些最容易想起的思想或想法的影响。从进化的角度来看，我们发展出这种反应，是为了能够在面对威胁时快速做出决策。

1972 年，心理学家杰罗姆·凯根（Jerome Kagan）提出，消除不确定性是影响我们行为的主要因素之一。当我们面临高度模糊的状况，无法立即满足我们理解或解决问题的愿望时，我们会极度努力地寻找清晰明确的答案，并尽快采取行动，从而消除未知的痛苦，实现认知闭合。

对认知闭合需求的增强会让我们的选择产生偏差，并且影响我们的偏好。在我们急于定义的过程中，我们倾向于提出更少的假设，对新信息的搜索也不那么彻底。我们更有可能根据早期的线索来形成判断，这被称为"印象优先"。因此，我们更容易将第一印象作为决策的锚点，而不充分考虑其他可能性。我们很可能都没有意识到自己有多偏向自己的判断。

关于这一点，有一个很好的例子，而且是你肯定经历过的——在酒店办理入住手续。在不知不觉中，你的整个旅程都会受到这件事的影响。如果你登记入住时的体验不好，你将在余下的时间里下意识地寻找中性的体验，以支持这种观点："这里的早餐种类有点少""电梯需要等很长时间"或"工作人员在走廊里不和我打招呼"等。如果你有一个愉快的入住体验，你会不停地确认你的观点："酒店员工在工作时非常友好。"我们在查看关于酒店的评论时会发现，糟糕的评论通常有一个糟糕的开始。

心理可用性驱使我们接受已知的东西，而确认偏见则让我们确信自己一定是对的。确认偏见意味着我们会把空缺的部分填充成与我们已知的东西相符合的答案。而我们越是寻找"正确答案",就越容易被我们已经知道的东西所蒙蔽。

因此,试图找到答案是非常危险的。你的确会找到一个答案,但它可能是错误的。但是你不会知道这一点,因为你会让自己相信其正确性。超越显而易见的答案需要大量时间和精力,然而我们所有的认知方式都要求我们尽快找到一些令人安心的东西。

一个男人和他的儿子遭遇了一场可怕的事故,需要紧急治疗。在医院里,外科医生看着这个男孩惊呼道:"我不能给这个男孩动手术,他是我的儿子!"这是怎么回事?

是继父吗?

不是……

来吧……

是妈妈。

无论喜欢与否，人类都存在无意识的偏见。就像我们的视野有盲点一样，我们的无意识中也存在着影响我们行为的隐藏偏见。无意识偏见的研究由哈佛大学心理学家马扎林·巴纳吉开创。她在 2013 年出版的《盲点》中明确指出，这些偏见可以追溯到数百万年前的生存机制，并在我们的基因中根深蒂固。人类不断被信息轰炸，但我们每秒只能处理四十个比特，所以我们的大脑会走捷径。我们的祖先在遇到危险时，不会停下来有意识地花上几秒钟去评估捕猎者的外貌，而无意识的偏见会让他们大声尖叫，并快速逃跑。

当我们看到跟自己不一样的人时，这些无意识的偏见也会出现，它们还会强化最基本的刻板印象。上面的智力游戏之所以让我们陷入迷途，就是因为刻板印象让我们并没有立即想到女性可以成为外科医生。

社会也会把这些模式和印象强加给我们，影响了潜在解决方案的可用性。更"知名"的或者更"熟悉"的东西会出现在我们的脑海中，影响我们的确认偏差。这就是我们喜欢追随时尚和潮流的原因之一——尽管有人说这是表达你个性的一种方式，但它实际上是关于心理可用性和确认偏差的一个很好的例子。

我们会对自己的想法或努力感到非常高兴，这被称为"宜家效应"（IKEA effect）。这个效应能很好地解释为什么你会对自己组装的书架如此着迷。而当我们被迫快速想出一些想法时，这种感觉会变得更加强烈，这使得在时间紧迫的情况下，放弃自己的想法更加困难。这种时候，你会拼命捍卫自己的想法，并更加热爱它们。

然后还有"禀赋效应"，也称为"eBay 困境"。我们对自己拥有的东西的价值认定远高于我们没有的东西。因此，你可能会认为自己的笔记本电脑的价格要高于一台二手笔记本电脑的市场价。

在涉及你的想法与他人的想法的区别时，情况也毫无二致，这些效应同样会发生作用，甚至进化在这方面也不能解决我们的问题。数百万年的进化塑造了一个系统——将来自我们感官的信息传递到我们的大脑中，让我们相信自己的感觉。而这个系统的绝大部分都是自动和无意识的。科学家估计我们日常决策的95%都是自动的。换句话说，我们认为自己的想法是真实的、不容置疑的。很多时候，我们甚至不知道自己是如何产生那些想法的。事实上，飞行员必须接受严格的训练才能相信飞行仪表。很少有飞行员不被告知，要忽略飞机在朝上飞的感觉，而依据飞行仪表的数据。这很困难，需要训练。数百万年来，在这个问题上，我们一直能够信任我们的感官输入，但它是根据地面上的大气环境进行校准的。当我们以八百千米每小时的速度在空中飞行，进行转弯、俯冲、旋转等操作时，我们耳道中精细调节的系统，就不能再像平常那样可靠地告诉我们哪个方向是上方了。

我们的思维和行为通常会受无意识的过程影响，这些过程已经在进化中形成并且很难避免。因此，我们需要保持警惕，了解这些无意识的过程是如何影响我们的行为的，并且尝试避免偏见和误解。即使我们无法完全避免这些无意识的过程，意识到它们的存在并努力防范，也是朝着正确的方向迈出了一步。

解决之道：坚持不懈

在追求创造性思维时要不屈不挠，无论风雨交加，还是雨雪漫天，都要勇往直前。对于想法，无论是你自己的还是别人的，都要毫不留情地评价。"客气一点"对于创造性思维没有任何好处。（顺便提一句，表现得刻薄也没用。）通往卓越的思维之路充满了挫折、争论、沮丧和自我怀疑——很多很多的自我怀疑。

创造性思维并不像喝咖啡或击掌那样简单。实际上，它很困难、充满孤独而且进展缓慢。尽管在这个过程中也会有轻松时刻，但总的来说，创造性思维并不总是充满自由奔放的想象，更多时候需要面对困难和挑战。你要明白的是，任何值得做的事情都不会容易，但是当你找到那钻石般闪耀的创意之后，旅程中的困难都将被遗忘。

尽量避免给自己规定一个时间来想出一个点子。（我们将在第八章更深入地讨论时间与创造性思维之间的关系。）不要认为你已经"破解"了它，永远要相信可以有更好的方案。将所有想法用笔记下来，就好像它们有同等的价值一样，这样就可以避免自己过于偏爱其中某一个想法。稍后或者过几天当你再重新审视它们时，你就可以更加客观地看待它们。抛开那些牢牢占据你大脑的初步想法，以自信的姿态迈向更加光彩夺目的创意空间。

助 推

1.

三十张便利贴

让我们从一个简单的助推开始，可以把这看成创意的深蹲或开合跳，就像是跑步前的热身，或是在唱歌前练习音阶，这一切都是在准备。

拿出一沓便利贴，数出三十张。设置一个十五分钟的定时器，写下你脑海中的所有想法——不论是你希望实现的目标，还是与之无关的疯狂想法都可以。然后将它们粘在墙上。完成后，就不再关注它们，开始真正的工作。记住，那些想法只是热身，不是真正的创意。你现在已经进入状态了，是时候动真格了。

2.

抹掉最初的想法

接下来的这个助推，更需要懂得自律的重要性。

你需要承诺永远放弃你的第一个想法，无论它是多么珍贵和有吸引力，都要毫不留情地"杀死"它。这个助推，提醒你需要硬起心肠，不要心软，否则这些可爱的想法就会把你迷住，让你无法自拔。

在你的笔记本电脑上创建一个文档或准备一本练习册，将其命名为"最初的想法"。在里面写下你对任何你正在思考的事情的第一个想法，不要回头看它，直到几个月或几年后再来审视它。你会惊讶地发现那些小小的想法多么愚蠢。如果你仍然认为其中一个还不错，你可以进一步思考并推进这些想法。但我打赌你不会这么做。

3.

随它吧（Let It Go）

是的，我们在写下"Let It Go"（动画电影《冰雪奇缘》的主题曲）的时候，也将这首歌唱了出来。你可能会觉得有点傻，但这值得一试。

下次当你无法摆脱一个阻止你去做更有趣的事情的想法时，你将引导你内心的艾尔莎（动画电影《冰雪奇缘》及其衍生作品中的女主角），在房间、学校、办公室、图书馆等任何你思考的地方，高声唱起这首迪士尼经典歌曲。这是提醒自己不要把第一个想法、理念和个人喜好放在心上的好方法。这还可以很好地鼓励大脑以新的方式看待问题。也许你使用的那部分大脑并不是答案所在的地方；请你试着用大脑的另一部分，也许你会在那里找到答案。

4.

喜欢还是讨厌

分享自己的想法从来都不容易。当它只是在你的脑海中时，它就是美好和完美的。但最终它必须经得起现实世界的考验。事实上，每个人都需要和他人探讨，以帮助自己思考，因为你很难意识到自己的盲点。

当你最终分享它时，最糟糕的情况是有人非常喜欢它，认为它很好。如果真的出现了这种情况，请继续。你要寻找的反应是爱或恨，任何一种极端的反应都意味着你正在做正确的事情。

5.

追逐"搅局者"

这需要你练习调节自己的情感，因为情感是我们做决策的关键。这是因为在我们的进化史中，与大脑的联系更多的是情感系统而不是认知系统，所以情感比认知更加重要。

当大脑遇到某些让它感到困惑或有威胁性的事情时，你在进行任何理性分析之前就会感到不愉快。这会自动导致你拒绝这个想法，以保护自己。

当下次出现类似的情况时，可以庆祝一下，因为你可能只是想到了一些有趣的东西。

明天再说

爱上一个想法很容易，放弃一个想法就难一些。但是，过夜测试是一个检测你的爱是否会持久的好方法。

在睡觉之前，将你的想法尽可能清晰地写在一张纸上，放在床头柜上，然后就去睡觉。

第二天早上醒来时，在开始做任何其他事情之前，重新看看你的想法。此时你的头脑最清晰，所以它会给你诚实的反馈。你对昨晚的那些想法，是仍然感到兴奋还是不再有感觉呢？不管是哪种情况，你都不用担心，还有很多想法在等着你。

在创造力方面，你应该把今天可以做的事情推迟到明天去做。

测试 5

曲棍球

滑板

香草

洗涤

铁路

跳舞

答案在本书正文之后。

第六章

6

保持
"不理智"

"你根本就不理智"，通常，当你不同意某人的观点并固执己见，或者你不想以某种方式迎合他们时，这句话就会被带有贬义地使用。我们不确定它是否曾经被用来表达赞美或爱意，但是它应该被这样使用。不理智的人应该被珍视，因为这在一定程度上可以体现出他们对某件事有所坚持，也意味着一种激情，甚至可以说意味着对美好愿景的追求和挑战传统的勇气。

萧伯纳毋庸置疑地对他们持有高度的评价："理智的人适应世界，不理智的人坚持试图使世界适应自己。因此，所有进步都取决于不理智的人。"历史证明了这一点。发明家、艺术家、设计师、作家、科学家、政治家和工程师，他们中的每一个人都拥有这种行为特征，他们都在推动人类前进。

追求真理和进步需要创造力。它是一个不那么常见，与正统观念相悖的新想法，也是改变一切的力量。这是一种折磨人的、持久地对常规的反叛需求。它使你无视彬彬有礼的社交圈子的细枝末节，无视通情达理的人。通情达理的人不喜欢引起麻烦，不想表达不同的意见，不想挑战，不希望事情变得尴尬。通情达理的人很难真正具有创造力或原创性，因为他们很难克服追求被喜欢的需要。而创造力要求你在追求它时"不可理喻",甚至不计代价。没有一个理性的人曾经将真正的创意带给世界。要成为怎样的人,选择权在你手里。

科学圈

在原始的状态,一切行为都归结为食物和性。幸运的是,我们已经远离了我们的猿类祖先。如果我们还处在那个阶段,在火车上或在咖啡店里,就会充斥着野蛮和原始的行径:有人被凿眼,粗暴的性,小偷小摸,等等。

那么,到底发生了什么变化呢?为什么我们现在认为手肘搁在桌子上是不雅的行为,想都不会去想挖掉坐在我们旁边的人的眼睛呢?人类的本性已经发展出适应社会、妥协和达成共识的能力。建立社交纽带和连接对我们来说比食物更重要。如果我们需要食物,我们的朋友可以带给我们;但如果我们为了食物离开我们的朋友，那么我们就只能依靠自己了。所以，我们已经学会了保持冷静并遵守规则，这种做法更加明智。

从进化的角度来看，形成依恋关系的成年人比没有形成依恋关系的成年人更有繁殖的可能，而长久的关系会增加后代达到成熟和繁殖的机会。因此，我们不仅进化出了理性，还将我们理性的行为纳入了社会规范。换句话说，我们建立了基于可接受的行为准则的社会。对于那些不遵守这些准则的人，我们会排斥他们。

自从人类文明诞生以来，我们一直受到社会习俗的约束，这些习俗不鼓励我们表现得难以相处。从伊拉斯谟于1530年出版的《论儿童礼仪》，到艾米·范德比尔特和艾琳·戴维森的礼仪著作，再到现代的《德布雷特手册》等可以看出，我们是何等痴迷于被视为和蔼可亲、有良好的行为举止的人。只需在网上快速搜索"礼仪"一词，就能证明这种痴迷有多么普遍。

在启蒙运动时期（大致为十八世纪），自觉地遵守彬彬有礼的行为规范，变成了上流社会有教养的象征。上升中的中产阶级试图通过他们的艺术偏好和行为准则，来与精英阶层建立联系，获得身份认同。他们变得痴迷于精密的礼仪规则，例如何时展示情感，如何彬彬有礼地行事，以及如何优雅地着装，如何流畅地谈话，等等。慈善家沙夫茨伯里伯爵在十八世纪早期写的一系列有关商业社会中礼貌本质的论文对这种新的追求产生了影响。沙夫茨伯里伯爵将礼貌定义为"在社交场合中取悦他人的艺术"。

图9

"礼貌"可以被定义为我们善于管理自己言行的能力，通过这种能力我们可以使他人对我们和他们自己的评价更高。

为了在社会上获得认可，我们倾向于做一些让人喜欢的事情，比如赞美他人或为他人开门等简单的事；也可以是有益于每个人的行为，比如志愿服务或分享。作为一个物种，我们表现出比其他任何物种都更强的利他主义，这显然是一种让我们长期受益的东西。我们是否喜欢他人，在很大程度上取决于他们是否具有我们认为的令人喜欢的特征。不理智并不是一种可爱的特质。事实上，它挑战了我们所理解和接受的社会基础，所以我们从进化和心理学的角度来拒绝它。我们天生就排斥不理智。我们也说过，不理智的行为总是很难避免或控制。

我们被那些我们认为有可爱的个性特质（慷慨、友善）的人所吸引，而对那些我们认为有不良特质（傲慢、粗鲁）的人则不感兴趣。这种倾向被称为"好感基本原则"，由伊丽莎白·坦尼（Elizabeth Tenney）、埃里克·图克海默（Eric Turkheimer）

和托马斯·奥尔特曼（Thomas Oltmanns）在 2009 年进行的实验中证实。该实验表明，我们被那些我们认为与自己相似的人所吸引，如果这些特质被认为是可取的，我们就更有可能被吸引。因此，从物种生存的角度来看，拥有消极的个性特质对我们毫无益处。

我们拒绝不理智的诱惑，因为当我们被排斥时，它会给我们带来实际的身体上的痛苦。被群体排斥的感觉违背了人类对归属感和自尊的基本需要。背侧前扣带皮层是大脑中记录身体疼痛的一个区域，但它也能感受到"社会伤害"。

仔细想一想，大脑所做的事情相当巧妙。那些幸存下来的人都是在部落中能很好地工作的人。因此，大脑演化出了一种系统，将任何"不良社会行为"转化为身体疼痛。这就好像拥有自己的"无理由电击器"，阻止你做出可能会损害你的生存机会的事情。

我们还演化出了更注重损失而非收益的本能，这就是所谓损失厌恶。在这种情况下，不理智的行为真的会造成很大的负面影响。因此，我们大脑中最古老的部分——负责人类的战斗或逃跑的生存本能的爬行脑，会介入并试图减少损失。于是我们会变得理智，我们会遵循"一鸟在手胜过两鸟在林"这种更合理的逻辑。我们会自我说服自己，认为自己在以一种冷静、明智的方式评估情况，但实际上，我们还没有进化到可以这样做的程度，我们仍然被我们恐慌的本能所控制。

然而，不理智的行为似乎有一个好处——可以带来更好的创新思维。临床心理学家罗杰·科文博士在他2011年出版的《需要被喜欢》一书中，将人类需要被喜欢这种进化特征与各种心理问题联系起来。他指出了酗酒和滥用药物、过度追求事业、过度自我批评、进入灾难性关系、维持糟糕的关系和过度关注自我外貌等，都是我们人类渴望被喜欢的弊端。

因此，也许做一个讨好别人的人并不总是像人们说的那样好。

解决之道：求同存异

你现在无疑已经得出结论：成为一个不理智的人会很艰难——这需要勇敢的灵魂才能坚持下去。它将让你周围的每个人都感到不安，它会制造出一股你必须面对的逆风，它会在原本没有摩擦的地方引发摩擦。而且它会带来身体上的伤害。你需要接受这一点。这需要练习。就像你的手长出老茧，以应对体力劳动一样。

图 10

只要你的不理智的行为有真诚的理由，还是有希望不被社会完全拒绝的。真实地表达一个不受欢迎的观点，仍然可以有吸引力。真诚是受欢迎的必备条件，人们喜欢真诚的人，因为他们值得信任。没有人喜欢虚伪的人。当你不了解一个人，不知道他的真实感受时，也很难谈得上喜欢。因此，请确保你的不理智行为是出于真诚的理由。这样，人们更倾向于接纳——承认你们的观点不同，并且你们都有权利按照自己的方式行事，而不是孤立你。

即便如此，这仍需要很大的勇气和自信。你需要创造一个安全的空间和应对机制来应对这种感觉。以下这些助推将帮助你做到这一点。需要记住的是，和以往一样，最好选择一个助推并将其融入你的生活，而不是同时尝试多个。你可以随时添加第二个或第三个助推。

助推

1.

"不理智"计时器

你的不合理行为可能会引起别人的反应，这些反应可能会让我们感到难过或受伤。但是，和其他的痛苦一样，这种痛苦也会过去。

设置一个三十分钟的计时器。在这三十分钟内，允许自己有糟糕的感觉。我们可以沉浸其中，尽情地感受这种痛苦，感受被冒犯、被误解，感到受伤和愤怒。你可以让这种感觉随意蔓延，把这些情绪统统发泄出来。

当计时器响起时，你会感觉好多了。拂去身上的灰尘，继续我行我素。不要沉溺于过去。你将走向辉煌，而那些让你感到不受欢迎或不被爱的人，将走向你永远不想去的地方。当他们消失在远处的时候，挥手告别就好。

咬手指而不是舌头

这里需要明确的是，我们并不主张给自己造成任何程度的伤害，但如果社会伤害可以表现为身体上的痛苦，那么你需要分散一下注意力。

德国研究员塔拉斯·乌西琴科（Taras Usichenko）和其他人进行研究时，发现了所谓咳嗽技巧。在实验中，一组男性被指示在接受注射时咳嗽，结果表明，咳嗽足以分散注意力，从而减轻注射时的疼痛。

下次你在因为你不理智的行为而受到社会伤害时，勇敢一点——咬咬你的手指，而不是舌头。

3.

可以打嗝

你需要一个安全的空间来发泄自己的不理智情绪——一个认为完全不理智的行为是可以被接受的地方。任何持有理智观点的人都不允许靠近它。这个空间可能是一张沙发、一个房间或一间小屋，只要能用就行。

请记住，某些行为之所以被认为不理智，是因为它们在社交中会造成不适感。所以在你的空间里，你可以创建新的社会规范，这个空间成为你想要的样子。这是你的空间、你的社会、你的规范。

例如，在有些地方中打嗝是礼貌的。也许在你的安全空间中，打嗝和放屁是最高的礼仪。所以，买一罐碳酸饮料或苏打水，喝掉它，打个嗝，在这里一切让你感觉舒适和快乐的事情都可以做。因为这是你的不理智行为的乐园。

4.

戴上黑色帽子

图11

在早期的牛仔电影中，坏人总是很容易被认出来，因为他会戴着一顶黑帽子，而英雄则会戴着白色的斯泰森毡帽。所以，如果你想追求之前说的那种不理智，尝试像一个局外人一样思考，那么，你就需要像他们一样打扮。

下次你在追逐一些激动人心和独特的事物时，记得戴上一顶黑色的牛仔帽。让它成为提醒你挑战传统和平凡的象征。然后，你在完成了不理智和创造性的思考之后，把帽子摘下来，挂起来，等待下一次的冒险。

如果你不喜欢黑色牛仔帽，也可以用一件反派才会穿的上衣或 T 恤来达到同样的效果。虽然我们并不知道为什么你不想利用这个机会戴上一顶黑色牛仔帽。

5.

偶像会怎么做

也许你认为现在自己正在打破规则，就像一阵新颖、勇于变革、失控的飓风，即将席卷那些迟钝和乏味的头脑。

可是，一切都是相对的，你真的像自己想的那样突破束缚了吗？你可以试着把 Lady Gaga 当成自己的参照物——在一群穿着黑色礼服的人里面，你一眼就可以看到衣着大胆、与众不同的她。试想一下，你的新想法是否已经和她相媲美了呢？

6.

最优结果

不理智也许会招致讨厌，但你想过如果自己是对的，之后会发生什么吗？也许你的想法会彻底改变这个世界的游戏规则，你可以拯救别人的生命，改变历史进程，获得诺贝尔奖，比爱因斯坦更容易被人提起，变得无比富有，也许还会有人会为你竖立雕像，拍摄一部关于你的电影。列出这些是为了让你明白，你在追求创造力的过程中，需要多想一下有可能发生的最好情况，而不是最坏的结果。

新鲜

捐赠

类型

父亲
晚餐
家

答案在本书正文之后。

第七章

7

讨厌

共识

的确，讨厌共识是不理智的一种形式。这两者都受到我们想要被喜欢和希望适应环境的影响，但它们之间还存在明显的差异。不理智是无视当时的正统观点——如果这些观点妨碍了进步的话。而讨厌共识则完全集中在反对群体决策或观点的结果上。这是一种认为好的决策很少是由群体做出的信念。正如伟大的汽车设计师亚历克·伊西戈尼斯曾经说过的那样："骆驼是由委员会设计出来的马。"

在群体中经常发生各种奇怪的事情，这些事情引起了不稳定的关系动态，而这与创造力背道而驰。这些动态因素在现代工作场所中变得越来越普遍。共识会导致个人责任的放弃。当人们只追求最基本的共识时，很难实现更高的目标或获得更好的结果。

图 12

让我们给你举个例子：下面这张图中，展示了在二战期间遭遇纳粹防空火力攻击的盟军飞机上的弹孔分布情况。经过军事当局的多次讨论后，几乎所有人都同意应该加强被击中区域的防护。这是一个完全合理的决定。

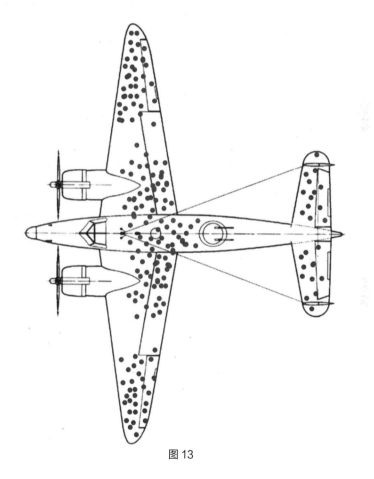

图13

但一位名叫亚伯拉罕·瓦尔德（Abraham Wald）的匈牙利数学家持有不同意见。他指出这是那些能够返回的飞机所遭受的损伤的情况，因此他提出应该在没有弹孔的地方加装防护，因为那些没有能够返回的飞机显然就是那些地方被击中了。他拒绝接受共识观点，通过自己的判断和提议，挽救了无数生命。

无论别人怎样试图说服你承认他们是对的，无论他们有多确定，你都不应该动摇。不管他们之中有多少人相信某件事，如果你不相信，就要敢于表达，不要屈服于群体的压力。如果你发现自己同意他们的观点，就要清楚地知道原因。

科学圈

正如我们在第六章中看到的，我们通常更喜欢与自己有一样的思考方式的人。结识与我们想法相同的人，使我们对自己、对世界的态度更有信心，这被称为"共识验证"。如果你喜欢猫，遇到的一个同样爱猫的人会告诉你，爱猫没有问题，甚至是一种美德。

群体可以增强我们对自己的观点的确定性，成为确认偏见的回音室。这被称为"群体极化"。这意味着，志同道合的人会强化彼此的观点。群体极化强化了群体中每个人的观点。

1969 年，在法国心理学家谢尔盖·莫斯科维奇（Serge Moscovici）和玛丽莎·扎瓦洛尼（Marisa Zavalloni）进行的一项研究中，参与者被问及他们对两个话题的个人看法：关于戴高乐将军和美国人。然后他们被要求在小组中讨论这两个话题。研究人员注意到，不论是积极还是消极的个人观点，在与持有相同观点的人讨论后都会得到强化。结果表明，当我们看到其他人也与自己持相同的观点时，我们对这些观点的信念会变得更加坚定。这就是共识的作用。这种过度夸大的群体正确性观点，往往只是基于不确定的意见。这听起来很可怕，不是吗？

正如我们在第六章中提及的那样：我们需要同类，特别是那些和我们身处同样环境的人，但这种部落主义可能会削弱我们的决策能力。

心理学家基于共识的性质和深度，确定了三种不同类型的群体一致性。第一种，也是最低层次的一致性是"顺从"。这时我们的公开行为改变了，但是我们的内心信仰并没有改变。例如，你告诉别人你喜欢运动，只是因为他们喜欢，而你的内心深处则讨厌运动。第二种是"认同"，你的公开行为和内心信仰都改变了，但是只有当你身处团体中时，才会发生这种改变。例如，你喜欢和工作伙伴一起喝酒，但在离开他们的时候却不想喝。第三种，也是最重要的一种一致性是"内化"。这通常是一种长期的

变化，一个人改变了他公开的和内心的行为和信仰，而不管团体
是否存在。

　　以上这三种情况，你应该都经历过。之所以如此，主要是
为了团体凝聚力。但这可能会产生令人震惊的后果。社会心理
学家所罗门·阿希（Solomon Asch）在二十世纪五十年代的实验
是最早发现这一点的。在他的研究中，一组学生被要求比较三
条不同长度的线（A、B、C）与第四条线的长度，其中一条与
第四条的长度相同，另外两条线则要么更长，要么更短。每个
参与者都被要求回答，他们认为哪条线与第四条线的长度一样。
在通常情况下，参加实验的人除了一个是真正的参与者以外，
其他人都是演员。演员被要求一致选择一个错误的答案，而真
正的参与者总是最后回答。在没有演员的情况下，只有不到1%
的人会出错。但在有演员的小组中，阿希发现，有37%的参与
者受演员的影响，选择了错误的答案。从那以后，这个实验已
经被多次重复，结果总是相似的。群体动态影响着人们的反应，
人们往往会同意而不是反对群体，即使他们知道群体明显是错

误的。

有时，为了避免职业上的冒险，我们会跟随他人的决策。防御性决策会导致我们更倾向于提出一个不太理想，但可以被接受的解决方案，而不是一个最佳的非常规方案。这种情况在创造力领域尤其常见。正如我们所讨论的那样，创新的事物会让人感到紧张。

我们进化的目的就是生存，而那些生存下来的人会融入群体中去。在过去，如果你看到他人因恐惧而奔逃，你会毫不犹豫地跟随他们，除非你知道他们不知道的事情。"自私的羊群理论"指出，许多动物会聚在一起，不仅是因为其他动物也这么做，也是因为这可以最大限度地避免被捕食。这种行为方式从我们的早期祖先开始，就根植于我们的内心，你即使没有意识到自己在这样做，也会利用它来应对世界。许多股市泡沫都可以被归因于市场上的群体行为。

东施效颦的行为在我们的社会中十分普遍。如果你的朋友吸烟，那么你吸烟的可能性会增加 7.1 倍。无论你是用手还是用叉子吃鸡肉，刮胡子还是留胡子，或者你认为在火车站站台上和其他乘客保持多远的距离合适，这在一定的程度上都取决于他人的行为。我们并不总是有充分的信息来做出最佳决策，所以我们很善于通过观察他人来做出最佳猜测。

我们的大脑总是试图节省能量。全靠自己思考，而不能从他人的经验中受益，这是一种浪费能量的行为。因此，随着时间的推移，我们的大脑聪明地学会了一种向他人学习的技能——一种习惯性节省能量的机制，而这也正是我们需要打破的机制。

解决之道：积极提出异议

向团队质疑是一件好事，如果你所在的团队或集体愿意接受质疑，那就更好了。你要向他们解释这种做法的好处，告诉他们"积极的异议"一直是历史上许多成功的组织所采用的策略。如果他们不感兴趣，你就需要问问这是为什么。

有一个例子来自 20 世纪 20 年代通用汽车公司的负责人阿尔弗雷德·斯隆。在一次会议上，通用汽车的高层管理团队正在考虑一个重要的决定，斯隆在会议结束时问道："先生们，我们都完全同意这个决定吗？"斯隆等到管理团队的每位成员都点头表示同意后，继续说："我建议在下一次会议上进一步讨论这件事，给我们自己时间来形成不同的观点和意见，这也许能让大家更好地理解这个决定意味着什么。"

斯隆寻求的是许多人试图消除的东西——异议。关于领导者应该如何制定愿景、获得支持或引导团队达成共识有很多讨论。

但是，关于领导者应该如何培养一种重视正确批评的讨论却要少得多。正如斯隆所认识到的那样，批评和异议有力地影响着决策，使其变得更好。

你要为成为一个积极的异议者而感到骄傲，以下这些助推会让你做好准备。

助 推

1.

自我反思

要成为一个异议者，首先要做的就是克制自我。这里的关键词是"积极"。世界上到处都是必须赢得争论或想成为主角的人。他们持有异议并不是为了创造力和真理，你要确保自己不是其中的一员。你有不同的观点，但你也可能是错的——你也许只是在反对你不信任或不太喜欢的人。请记住"信使效应"，你要明智地反对，节制地反对，小心地反对，在重要时刻反对。并且你的反对意见必须始终源于相信自己所说的话；如果你不相信，请不要反对。在反对之前请问自己："我的反对是积极的吗？"

那些动不动就高呼反对言论的异议者很快就会被忽略。

2.

从表达微小的异议开始

你可以从小事做起，通过小小的举动来表达自己的反对意见，培养对抗议和反对意见的韧性和适应能力。在日常生活中，寻找机会提出异议，一周两三次就足够了。

当然，你需要尽量避免给别人带来麻烦，因为你需要将异议与积极的感受联系在一起。你可以在周五的着装自由日穿得比平时正式；当你独自乘电梯时，可以背对着电梯门站立；当家里没有其他人时，可以将浴室门敞开。可以尝试"无酒二月"（但不要告诉任何人）；尝试在 Twitter 上只放照片，在 Instagram 上只发文字。现在你可以自己想出更多的方式。这些只是为了让你锻炼自己提出异议的能力而做的热身，请慢慢来。

3.

积极异议者的贵宾椅

时刻提醒自己，你是个局外人。你在那里的作用，就是成为唤起集体思考的唯一声音。你是异议者，你就是那个持不同意见的人。

你可以用一个凳子作为一种客观的物理提醒。一个凳子一次只能坐一个人，没有人会和其他人挤在一个凳子上。买一个凳子，把它放在办公室、空余的房间或任何你想放的地方，当你需要做出决定时，就坐上去。

当其他人都随大流的时候，不动摇很难。所以，你要抵制这种诱惑，独自行动并相信自己。我们也相信你。

想象中的朋友

也许你对于持不同意见会感到非常不舒服，毕竟，正如我们之前提到的那样，这确实违背了我们的"默认设置"。那么，为什么不请一个朋友来帮你呢？但这不是一个一般的朋友，而是一个想象中的朋友，他们没有那种"默认设置"。当你觉得没有足够的勇气去表达异议时，就创造一个自己的替身，让他们代替你去表达。

想想萨莎·菲尔斯（Sasha Fierce）——这是碧昂丝的另一个勇敢的自我——与她一起走上舞台。她无所畏惧，更不用说成为人群中的焦点。或者你想象中的朋友是英国著名的新闻工作者路易斯·泰鲁（Louis Theroux）。不管情况有多可怕，他都不会放过任何一个问题，也不会放过任何一个值得质疑的观点。

最棒的是，这个想象中的朋友可以是你选择的任何人。当你感觉到有积极的异议时，就去召唤他们。他们会很乐意代你发声。这就是想象中的朋友存在的意义。

5.

从一数到十

现在，很容易想象你总是能清晰地思考，看透混乱或恶意的共识。不幸的是，情况并非总是如此。是的，尽管你信心满满，你也可能会在众人都追随一个有魅力的人或陶醉于某种思想时失去自制力。

在这种情况下，与别人达成共识比反对容易得多，也更愉快，你只是一个普通人。因此，在你进入那个小组、那个会议或那个流程之前，请给自己一个小小的提醒——在你的手上写一个数字十。每当你感觉自己被冲昏头脑时，请从一数到十，暂停一下。花一点时间来考虑，这是不是你真正认为对的事情。如果是，那就太好了，有时候团队是正确的。如果不是，就退出吧。

6.

糖果奖励

我总是把它叫作"果冻豆助推"。它非常简单,但却非常有效,而且很好吃。这一切都关乎积极强化,即做了正确的事情,就得到一个小奖励——跟训练员在狗身上运用的行为原理一样——这增加了重复正确行为的可能性。

带一把你最喜欢的糖果(或家庭装糖果袋,这取决于你的甜食需求和你认为需要多大的奖励)到会议室、车间或任何你认为可能遇到集体思维的地方。把它们放在你能看到的地方,但不要碰它们。你只有在抵制了同意其他人的意见的诱惑时,才能给自己奖励。不久之后,你就会在各个方面积极地表达不同的意见和批评。

判断
工作
塔楼

家海床

答案在本书正文之后。

第八章

保持耐心

希望现在的你正渴望测试一下自己新发现的能力——与常人不同的思维方式。在此之前，你需要把你所学到的一切都放到本章的背景中，这很可能是最重要的一章。

"高效的人以系统化的方式完成任务。他们稳步且可量化地朝着自己的目标前进……创意型企业很少涉及稳定和可量化的进展。相反，创造性需要尝试很多不同的可能性，在找到正确的解决方案之前，要努力走过几条死胡同。"

这段话出自哈佛商学院工作文件《组织中的时间压力和创造力：一个纵向的实地研究》。这篇开创性的论文发表于 2002 年，首次证明时间压力会阻碍创造性思维。他们发现，在极端的时间压力下，你的创造性思维能力会惊人地下降 45%。

这个世界正在强迫你加速前进，它庆祝即时满足，提倡惊人的职业道德，为贪婪的博学者欢呼，这些都在一定程度上破坏了你的创造力。我们让它成为我们的老板，当它要求一切立即完成时，我们会马上跟进。我们生活在这样的一个世界，说"还没有准备好"已经变得不可接受。

当你考虑到日常生活在过去二十年里是如何加速的，你就会开始明白，很多变化都是以牺牲创造力为代价的。科技、社交媒体和手机带给我们的即时冲击，正在让我们远离创造力的所有关键法则。创新加快了生活的节奏，它对很多事情来说都很棒，请拥抱它。但是请记得留出时间来进行创造性思考。起初你可能会感到有些奇怪，甚至是反直觉的，但这正是关键所在。

你要坚持自己的观点，不被他人所左右。创造力要求你逆潮流而动，这并不是自私的行为，而是无私的。世界需要创造性的思考者，所以请花时间好好思考。

科学圈

　　无论你在世界上的哪个地方，从美国到英国，从爱尔兰到印度尼西亚，我们一年中超过一千七百个小时在工作，还有三分之一时间在睡觉。一年中我们几乎有两百天的时间，要么在工作要么在睡觉。如果再加上清洁、做饭、购物、洗衣、付账单、熨衣服、排队、通勤以及其他你不得不做的事情，我们觉得没有足够的时间去做新的或令人兴奋的事情也就不足为奇，更不用说找个时间去静静地探索创意思路了。事实上，有一半的英国人认为"一天中没有足够的时间做想做的一切"。有趣的是，61%的学生和44%的失业人员也表示同意这一点。

　　那么，究竟发生了什么呢？关于这一点，有许多解释。其中之一是说，我们对时间的感知受到周围环境的影响。自从采用了信息处理器（如手机和电脑），现实与感知之间的差距已经扩大，让人感觉时间飞逝，我们跟上时代的压力比以往任何时候都更大。

"我们正在努力赶上技术的发展，变得更快、更高效。

技术促使我们加快内心节律器的运转，来衡量时间的流逝。"

——[澳]奥夫·麦克劳林（Aoife McLoughlin）博士，

詹姆斯·库克大学新加坡校区心理学讲师

你所处的环境也是影响你创造力的重要因素。大脑中创造性地解决问题的那些区域，只有在你走神的时候才会被激活。但在无处不在的开放式工作空间中，这几乎不可能。创造力思维来自长期的专注，即将一个想法或思想沿着新路径延伸思考的能力。这意味着你需要长时间独处，需要你不会因为将双脚搁在桌子上盯着窗外，看起来并不忙而不断地被打扰。

2005年，伦敦精神病学研究所的格伦·威尔逊博士（Dr Glenn Wilson）在研究中发现，工作中持续的干扰和分心对人会产生深远的影响。那些因为电子邮件和电话分心的人，智商下降了十分，研究发现其影响是吸食大麻的两倍。你的"默认模式网络"在你做白日梦时活跃，对产生创造性想法至关重要。事实上，那些受到精神刺激较少的人——那些孤独的人——创造性解决问题的能力要比普通人的高出40%。加州大学欧文分校最近的一项研究表明，你在被打断后想重新集中注意力，可能需要长达二十三分钟。所以说，实际上，你把脚搁在桌子上，盯着窗外的时候，是非常高效的。你可以自信地告诉人们，休息和放松的确可以使人更高效。

图14

另一种与创造力背道而驰的现代工作方式，是相信自己可以并坚持多任务处理。事实是，人脑实际上无法实现多任务处理。

当你尝试多任务处理时，你通常不会在任何道路上走得太远，也不会发现一些具有创造力的东西，因为你会不断地切换和回溯。

——[美] 厄尔·米勒（Earl Mille），

麻省理工学院神经科学教授

你实际上并不是在同时做四五件事情，因为大脑并不是那样工作的。相反，你会快速地从一件事情转移到另一件事情，不断地消耗着神经资源。

——[美] 丹尼尔·列维京（Daniel Levitin），

行为神经科学教授

因此，人在处理多项任务的时候，不可能深入思考，也不可能创造性思考。实际上，这是一种非常糟糕的利用时间的方式。

解决之道：找回时间

不要让时间从你身边溜走，速度不是创造力的朋友。在短时间内想出一个具有创造力的想法，这是可遇不可求的，并不常见。所以你要做好时间计划，并严格遵守。不要同时做几件事情，不要一直看手机，不要被自己或他人打断。你需要给自己一些做白日梦的时间，允许自己失败，不要一味地强迫自己。创意是强迫不来的，如果你非要这样做，也不会得到好的结果。

给自己时间不断去寻找。如果你认为必须迅速找到答案，那你就会阻碍自己获得成功。以下的助推会帮助你更好地控制时间，让你更长时间地保持创造性状态，避免那些恶意的打扰。坚持下去，你已经接近成功了。

助 推

1.

专属时间

你可能知道，因为生物钟的关系，人的能量和警觉性水平在一天中会经历高峰和低谷。但你可能不知道，其实一天中能量的低谷期，才是最适合创造性思维的时间。在这些时刻，你的大脑警惕性较低，抑制也较少，这使得抽象思想更容易形成。

因此，请充分利用这些时间，比如早餐前、午饭后、睡前，都可以成为你专门进行创造性思考的时间。设置日历提醒，将特定的时间标记为"忙碌"，使它们成为专属时间，不再安排其他事情。在这些专属时间内，把手机放在另一个房间，远离干扰，开始做白日梦。显然，你花费的时间越多，效果越好，但这只是一个开始。

2.

成为单一任务者

你在这本书中找不到比这个更简单的助推了，但不要因为它的简单就被欺骗了，它也是最强大的方法之一。这是一种万无一失的方法，可以让你有足够的空间来产生新想法，正如标题"成为单一任务者"所写的那样简单。一次只做一件事，完成之后，再开始做下一件事。

3.

这支笔比键盘更强大

当你用手写东西时，你在理解和处理信息方面都明显做得更好。这是因为手写得缓慢，需要更多的"精神劳动"，这会迫使你更深入地参与并专注于重要的事情。因此，

图 15

你会更不容易受到干扰，也更有可能长时间保持创造性的状态。

所以，当你盯着屏幕却没有思路时，不妨试试用笔在纸上写东西。

禁用消极词汇

我们都知道时间压力会导致恐慌或焦虑的感觉。但是你知道吗？对抗时间引起的焦虑感的最佳方式之一，是将其转化为兴奋感。这有点像你在物理学中学到的热力学第一定律——能量从来不会消失，它只能从一种形式转化为另一种形式。你可以尝试在生活中避免使用消极词汇，转而用积极的词汇，或者就用"积极"这个词。当你见到朋友时，你就说："嘿，艾利克斯，你怎么了？积极一点，积极起来。"

5.

找到一个空房间

如果在办公室，试着把自己关在一个不会被打扰的地方，尽量独处；如果在家里，就给自己收拾出一个空房间。暂时不用理会别人怎么看你，当你有了创造性的成果时，别人只会将你视为疯狂的天才。有一点需要注意，当你找到这样一个地方的时候，记得把手机和电脑放到其他房间。

6.

放弃

你没看错，这部分讲的就是放弃。很多时候，你越是想要一个新想法，就越是得不到。面对这种情况，暂时放弃也是一种应对的方法，去散步、跳舞，哪怕是泡个澡或是烤蛋糕也行。把自己暂时从创造的困境中抽离出来，看看会发生什么。你想要的新想法，说不定在做别的事情时会自动跑出来。

牙齿

土豆

心脏

洗漱

运动

学习

答案在本书正文之后。

第九章

9

失败

是一种选择

如果打高尔夫球的时候，每次都是一杆进洞，就没有人再打了，那意味着失去了所有乐趣。你必须在有难度的地方打几个球，并克服困难，这才能让它变得有趣。

——[美]沃伦·巴菲特

在追求创造力的过程中，失败是成功的必要组成部分，而且失败的次数远远超过成功的。你要把它看作一种积极的经历，而不是感到羞耻的事情——羞耻和内疚是接受失败的两个最大障碍。

寻找原创答案将带你进入未知的领域。搜索引擎无法帮你摆脱困境，只能靠你自己。失败是不可避免的，而且反复失败的

图 16

杯子上的文字：犯下辉煌的、惊人的错误。——[英] 尼尔·盖曼

可能性很高。但你应该为此感到高兴。每一次的失败都是探索之路上的标记，帮助你更好地理解成功。每一次失败都能够激励你，并给你信心。因为成功只属于那些永不停止寻找它的人。

无数的网络迷因或海报上、咖啡杯上的名言等都告诉你要接受失败。似乎每个人都知道这是一件好事。但从来没有人告诉你，为什么很难做到或者如何做到。我们将改变这种情况。

科学圈

2018 年，全球创业观察（Global Entrepreneurship Monitor，简称 GEM ）的一份报告称，大约三分之一的创业者会因为对失败的恐惧而放弃创业。

对失败感到恐惧是很普遍的，也因为这种恐惧形成了两种截然不同的人——过度奋斗者和自我保护者。这两者的比例差不多。你是哪一种呢？

过度奋斗者因为对失败的恐惧而拼命努力，以获得成功。对失败的恐惧支撑着过度奋斗者的大部分行为，因此他们常常会感受到许多与对失败的恐惧有关的因素——焦虑、低自尊、缺乏掌控力等。

自我保护者则会避免失败对个人的影响。他们会竭尽所能，努力减轻失败对他们的能力和自我价值的负面影响。自我保护者要么采取防御性悲观主义，在他们可能被评估的事件上设定特别低的期望值；要么自我设限，这样失败就被视为与障碍有关，而不是因为能力低下。

这是唯一没有涉及进化论的章节，也因此产生了一个问题：我们对失败的恐惧到底是从哪来的呢？答案其实很简单，它完全是社会的产物，植根于父母的社会化和亲子关系中。但在你开始过度担心你的父母对你造成的负面影响之前，很有可能他们并不知道他们所做的除了爱你以外还有什么。他们很可能被他们的父母灌输了对失败的恐惧，以此类推。

众所周知，父母对失败的恐惧是孩子对失败的恐惧的一个指标。当母亲对失败的恐惧增加时，她们更有可能在孩子犯错或失败时收回爱，这在无形中加深了孩子对失败的恐惧。

学校在强化这些消极影响方面"功不可没"。你还记得上学时举手回答问题，如果你答错了会发生什么吗？你当然记得。

只有第一次就回答出了正确答案才会获得奖励。而错误的答案，则会让你受到惩罚：低分、责骂、鄙视，甚至羞辱。这种氛围，不是一个适合探索失败的积极影响的理想环境。很少有学校采用奖励创新行为的制度。

这些习得的行为在年轻人的头脑中形成了一种信念，即失败是完全不可接受的，并对他们的自我价值和在人际关系中的安全感也产生了负面影响。因此，我们不惜一切代价避免失败也就不足为奇了。

对失败有高度恐惧的人更倾向于看到失败的可能性。这反过来会给他们带来压力，让他们超越自己的能力去追求成功。而且，不管我们多么努力地避免失败，偶尔的失败难免会发生。当失败发生时，这会对我们的健康产生更具破坏性的影响。因为害怕失败的人通常会把失败归因于个人的缺陷或失误，从而感到极度失落、沮丧和自责。

羞耻感是避免失败的另一个驱动因素，尤其是那些对自身能力不太确定的人，他们存在低自尊的可能性更高一些。他们往往倾向于更加依赖外部认可，也更易受外部认可的影响。有趣的是，无论是低自尊还是高自尊的人，他们可能对失败感到同样的沮丧。然而，对于羞耻和屈辱的感觉，情况却并非如此，高自尊的人往往不会有相同的感觉。

完美主义者是失败恐惧症的长期患者。完美主义被认为是一种过度担心犯错和避免错误的需要，因为这些错误被完美主义者视为失败。比如，没有达到个人的高标准，未能满足家长的高期望，受到了家长严厉的责备，行动出了差错，以及未能遵循自己对秩序和组织的偏好，这些都被视为失败。完美主义者的工作和生活中充斥着对失败的恐惧。

完美主义的好处是它推动了高标准的表现，这就是它可以被视作一种积极特质的原因。遗憾的是，它同样要付出代价，这种高标准总是伴随着对自身行为的严厉批评。不完美就意味着毫无价值，任何微小的瑕疵都被视为失败。这对于那些低自尊的人来说更是一个大问题。尤其是在经历挫折之后，他们会比别人更加感到羞愧。人们已经知道，低自尊者的完美主义会导致心理问题，包括厌食症、抑郁症和强迫症。他们需要不断感受来自他人的爱和认可，然后要求自己表现得越来越完美——这当然是不可持续的。

解决之道：失败的快乐

你要让自己真正接受失败，无论你是过度奋斗者还是自我保护者，无论你的自尊心是高还是低。我们需要你开始用一种不同的方式看待失败——一种让你自我感觉良好的方式。因为追求创造力将充斥着失败，需要冒险。

你要将失败重新定义为学习。因为如果你不失败，你就永远学不到什么东西。比尔·盖茨曾经说过"成功是一个糟糕的老师"，应该没有多少人会认为他是一个失败者吧。

现在，开始思考你从某次失败中学到了什么，它教给了你什么，它将如何帮助你更加笃定地前进。你要将每次挫折视为发现新事物的机会，并开始期待学习新的东西。明白这一点后，你很快就会爱上失败，并对自己感到非常满意。

助 推

1.

自我提醒

如果不是迫不得已，大多数人都不愿意承认失败。我们将其掩盖起来，然后它就开始发酵。因此，如果有人能坦然承认失败，他们的勇气和诚实会非常鼓舞人心。有时候，我们只需要得到别人的支持就可以继续前进。

让下文那些最能引起你共鸣的名言围绕着你。你可以将它们印在 T 恤或咖啡杯上，也可以装裱起来。无论采用哪种方式，只要能让这些名言时刻呈现在你眼前就行。那么每当你需要的时候，它们就会为你提供支持。利用这些名言来提醒自己，你的失败只不过是通往成功的一步。

生活中不可能没有失败，除非你活得如此谨慎，以至于像是根本没有活过。在这种情况下，可以默认是一种失败。

——[英] J.K. 罗琳

我并没有失败，只是找到了一万种行不通的方法。

——[美] 托马斯·爱迪生

失败是比成功更伟大的老师。

——[美] 克拉丽莎·平科拉·埃斯特斯

失败并不重要，出丑需要勇气。

——[英] 查理·卓别林

成功就是 99% 的失败。

——[日] 本田宗一郎

失败是通往伟大的一块垫脚石。

——[美] 奥普拉·温弗瑞

冠军不是由他们的胜利来定义的，而是看他们跌倒后如何恢复。

——[美] 塞雷娜·威廉姆斯

如果你在犯错误，那就意味着你在创造和尝试新事物，你在学习和生活，并鞭策自己改变世界。

——[英] 尼尔·盖曼

2.

仪式感

我们都有一种倾向——夸大自己的失败，好像它们在我们的眼里比在任何其他人眼中都更加可怕。控制这种倾向的方法是把它写下来，写下你害怕的是什么，以及你认为自己将如何失败。你会惊讶地发现它们并没有那么可怕。现在是时候进行真正的"驱魔"仪式了。准备一支蜡烛和一盒火柴，把那些纸片烧掉，全部烧掉——看着它们化为灰烬！你现在感觉好点了吗？那是当然的。

3.

把失败变成一种爱好

爱好是我们用来消磨时间的一种有趣而无害的方式，我们总是期望着去做这些事情。那如果让失败成为你的爱好呢？要让失败成为我们的主动选择，你必须适应它。你要摆脱过度夸大失

图 17

败的心态，让它以一种不太困扰你的方式进入你的生活。

去尝试一项你会失败的爱好。正是失败让这项爱好变得有趣。比如烘焙酥皮蛋糕——没人能做到完美！烤出来的蛋糕可能很难看，但也没准很好吃，而且制作过程充满乐趣。去租一支小号，然后花一整天时间练习演奏；去上一堂写生课或是去划一次皮艇。在所有这些事情上，你都笨拙不堪，但更多的时间你是在笑而不是哭。当你在那些不重要的事情上失败时，失败也可以很有趣。然后你会将这种乐趣与失败联系起来，开始建立关于"积极失败"的肌肉记忆。想象一下你从中学到了什么，任何经验都不要被浪费。

提高你的失败率

要想成功，你必须失败过很多次；如果没有，说明你可能并没有那么努力。认真来说，最成功的人也曾是最大的失败者。

166

J.K. 罗琳最初为《哈利·波特》系列撰写的提案被拒绝了十二次，之后才获得了出版合同。这个系列目前的销售量已经超过五亿册，并被翻译成六十五种以上的语言。J.K. 罗琳一度是世界上收入最高的作家。

A.P. 麦考伊（A. P. McCoy）曾在英国障碍赛马锦标赛中，创下二十年无人能及的连胜纪录，这意味着他每年都会比其他骑师骑更多获胜的马匹。同时，他每年也会比其他骑师骑更多输掉比赛的马匹。原因很简单，仅仅因为他骑的马匹比其他骑师骑的更多。这是一个胜利者的心态，他接受失败是通往成功的必经之路，并且毫不畏惧。

失败是不可避免的。因此，你不要逃避它，而是要学会拥抱它。试着把你的失败目标定得高一些。你失败的次数越多，成功就会越快到来。

5.

框定你的失败

这个助推包括两部分。

首先，是字面的意思——找一个有趣的相框，把你的"失败证书"放进去。这样做会减轻它对你的伤害。如果把你的"失败证书"用粉色的假皮草框起来，那么它还能有多糟糕呢？当然，如果你遭遇的是一次绝对严重、彻头彻尾的失败，那么这种做法很可能不太有用。这就很自然地引出了这个助推的第二部分。

将失败放在更广阔的背景下去思考，它真的像一开始你认为的那么糟糕吗？你可以将失败划分为一到五级。问问自己，它真的是五级吗？我们需要不断回头检查我们对于失败的看法是否正确，并根据新的认知重新评估它的重要性。随着时间的流逝，我们可能会对失败的影响产生更为客观和深入的理解，因此它的重要性也可能会相应地下降。

放手去做

这是本书最后一章的最后一个助推。我们把我们最喜欢的助推留到了这个非常时刻。好吧，在你人生的某个时刻，这本书里所有的计划、所有的准备、所有的谈话都不能让你走得更远的时候，如果你不愿意付诸行动，就没有人能够帮你。

想象一下，你站在游泳池的高台跳板上，你的脚趾紧紧抓住跳板的边缘，你瞥一眼下方的水面，你的心跳得像疯了一样。现在只剩下两种选择：要么让自己一头跳下去，要么再也不会站上这里。正如电影《落水狗》中的乔·卡伯特所说的："你知道如何处理这种情况吗？脱下裤子，然后跳进去！"

创造力要求你做到这一点，并且你会为之欣喜。

哭泣

前方

飞船

铃声

时钟

火苗

答案在本书正文之后。

答案

测试 1:

香肠，辣椒，高温。狗。

卷心菜，工作，眼睛。补丁。

测试 2:

插座，盖子，眉毛。眼睛。

水晶，脚，雪。球。

测试 3:

复制，雄性，摆动。猫。

紧密，有效，标记。水。

测试 4:

行进，蒸汽，司机。火车。

玩偶，疯狂，树木。房子。

测试 5:

曲棍球，滑板，香草。冰块。

洗涤，铁路，跳舞。线条。

测试 6:

新鲜，捐赠，类型。血液。

父亲，晚餐，家。时间。

测试 7:

判断，工作，塔楼。时钟。

家，海，床。生病。

测试 8:

牙齿，土豆，心脏。甜蜜。

洗漱，运动，学习，机器。

测试 9:

哭泣，前方，飞船。战斗。

铃声，时钟，火苗。警报。

鸣 谢

尼科拉·拉哈尼，

伦敦大学学院实验心理学主任。

瓦莱里亚·特拉巴托尼，

伦敦大学学院认知与决策科学硕士。

埃莉诺·希瑟，

行为建筑师协会副主任。

萨姆·塔特姆，

组织心理学顾问。

丹·班尼特，

行为科学顾问。

尼亚姆·马奥尼，

研究助理。